동국세시기 엮은이들(한국전통음식 기능보유자 5기)과 함께

東國歲時記

1800년대
음식으로 들여다보는 선조들의 세시풍속

동국세시기

홍석모 저 | 윤숙자

강경해 · 김동희 · 김민주 · 김선희 · 김순옥 · 김연화 · 박선희 · 박숙경 · 박정숙 · 박종순
우영선 · 유홍림 · 이 숙 · 이용미 · 임미자 · 임정희 · 조희경 · 최경자 · 최은영   엮 음

(주)백산출판사

음식으로 살펴보는
『동국세시기』를 펴내며

　　현재 전해오는 고조리서들은 과거의 음식을 통해 현재의 우리 음식을 살피고 미래에 우리 한국음식이 나아갈 방향을 찾아주는 소중한 자료이다.

　　(사)한국전통음식연구소는 '고(古)조리서 속의 한국전통음식 원형발굴 및 재현작업'의 일환으로 1400년대 『식료찬요』, 1500년대 『수운잡방』, 1600년대 『요록』과 『도문대작』, 1700년대 『증보산림경제』, 1800년대 『규합총서』, 1900년대 『조선요리제법』에 이어 이번에 8번째로 연중행사와 민족풍속에 대한 세시풍속서(歲時風俗書)인 1849년 홍석모(洪錫謨)의 『동국세시기(東國歲時記)』에 나와 있는 음식들을 재현하여 출간하게 되었다.

　　동국세시기는 조선 후기 우리 민족 고유의 세시풍속을 집대성한 세시풍속서로서 그 문학적 가치가 매우 높은데, 이번에 이 책 속의 세시음식을 여러 차례 실험조리를 통하여 재현하게 된 것은 큰 의미가 있다고 생각한다.

　　동국세시기는 당시의 수도인 한양(지금의 서울) 지역의 민족 풍속을 정리한 1796년 유득공(柳得恭)의 『경도잡지(京都雜志)』나 1819년 김매순(金邁淳)의 『열양세시기(洌陽歲時記)』와는 다르게 한양에서부터 깊은 시골마을에 이르기까지 다달이 들어 있는 월별 음식풍속들을 정월부터 섣달까지 1년 열두 달의 각 절기에 따라 자세히 설명하고 있다.

이번에 동국세시기의 음식재현 작업은 (사)한국전통음식연구소 기능보유자 5기들과 함께 1800년대 우리 민족 고유의 풍속을 들여다보며 계절에 따라, 상황에 따라, 인생의 중요한 변화에 따라 행해지던 우리 선조들의 음식 생활상을 고찰하여 정리한 것이기에 어느 때보다 값진 결과물이 될 것이다.

특히 이 책의 Story 부분에서는 각각의 음식에 담긴 이야기들을 여러 고서를 살펴보고 고찰하였다는 점이 다른 책과의 차이점이라 하겠다.

우리 고유의 세시풍속이 경시되고 미풍양속이 사라져 가는 이때에, 이 책이 우리의 식문화 유산을 지키고 미래 우리의 세시음식이 나아갈 방향을 찾아주는 소중한 지침서가 될 것이라 믿는다. 매달 들어 있는 특별한 날에 조상들이 해드시던 때에 맞는 제철음식을 해먹으며 조상들의 지혜를 따르기를 바라는 마음 간절하다.

끝으로 이 책이 나오기까지 수고해 주신 백산출판사 진욱상 사장님과 (사)한국전통음식연구소의 이명숙 원장님, 그리고 동국세시기를 함께 고찰, 재현하여 훌륭한 세시음식 조리서를 완성한 사랑하는 한국전통음식기능보유자 5기 제자들과 기쁨을 함께 나누고자 한다.

2020년 6월

엮은이 대표 윤 숙 자

『동국세시기』에 대하여

동국세시기는 동쪽 나라(한반도)의 일 년 중 제철을 따라 1월부터 12월까지 행하여지는 여러 가지 세시풍속이나 풍물을 풀이하여 놓은 책이다.

세시풍속(歲時風俗)의 세(歲)는 일 년을 가리키고, 시(時)는 춘하추동(春夏秋冬) 사계절을 의미한다. 즉 한 해의 절기나 계절, 달에 반복적으로 이루어지는 생활 관습을 말한다.

세시풍속은 농경사회에서 중요한 절차였으며 무엇보다 음식에 관련된 행사가 많아 그때마다 시·절(時·節)음식을 해먹으며 그 뜻을 기려왔다.

동국세시기는 1849년에 홍석모의 30년 지기 친구였던 이자유(李子有)가 1849년에 서문을 쓴 내용으로 보아 1849년(헌종 15년)에 편찬된 것으로 추정된다. 이 서문에서는 "한양에서부터 궁한 벽촌에 이르기까지 설사 아주 비속한 일이라도 빠짐없이 모두 수록해 놓았다"고 했다. 또한 "정월부터 섣달까지 제목이 모두 23항목이었으며, 그달에 행해지지만 구체적으로 날짜를 잡을 수 없는 행사는 그달 끝에다 '월내(月內)'로 구별하여 실었고 끝에는 윤달행사를 붙였다"고 하였고 "각 시기마다의 별식인 시식도 자세하게 소개되어 있다"고 하였다.

동국세시기보다 먼저 발간된 당시의 세시풍속서인『열양세시기』나『경도잡지』가 궁중의 세시풍속이나 수도인 한양의 풍속을 중심으로 정리한 책이었다면, 이 동국세시기는 궁중과 한양의 풍속을 중심으로 각 지방의 풍속도를 더 많이 종합적으로 기록하고 있어 당시의 세시풍속 문헌자료들을 모두 한데 모아 총정리한 것으로 보인다.

「한국민속예술사전」에서는 동국세시기가 조선시대에 저술된 방대한 세시기로서 왕실부터 사대부·서민층에 이르기까지 폭넓게 다루었다고 했다. "구성은 신일·답교 등 대항목이 99개가 들어 있으며 세부적으로는 음식·행사·제액·유희·제의·기풍·건강·점풍·기복·점복 등 10개의 소항목에 각각의 소주제가 240개에 달한다"라고 기록하였다.

지은이 홍석모(洪錫謨, 1781~1857)에 대하여…

동국세시기의 저자 홍석모(洪錫謨, 1781~1857)는 명문가인 풍산 홍씨(豊産洪氏) 집안에서도 중추역할을 하는 추만공파(秋巒公派)의 자손이다. 그의 조부는 조선 후기의 저명한 학자인 이계 홍양호(洪良浩)이며, 부친은 훈곡 홍희준(洪羲俊)으로 각각 이조판서를 지냈다.

이 집안은 궁중과도 깊은 관련이 있는데 정조의 어머니인 '혜경궁 홍씨'의 친정 집안이기도 하여 혜경궁 홍씨의 조카뻘이 되었으므로 궁중풍속에 대해 많은 것을 알았다.

홍석모는 조부로부터 서예와 경전을 직접 배워 시인들의 모임을 만들어 주도하였고 35세의 나이에 벼슬길에 오른 뒤 여러 관직을 두루 거쳤으며 59세에는 궁중음악과 무용을 담당했던 장악원(掌樂院)에 책임자로 임명되었고 77세에 별세하였다.

홍석모의 조부인 이계는 도교(신선사상)와 불교에 대한 수많은 장서를 보유하였기에, 홍석모는 도교와 불교 서적을 두루 폭넓게 읽었으며, 이는 그의 작품에도 반영되었다.

『음식고전』에는 "그가 젊어서부터 조선 팔도를 다니지 않은 곳이 없을 정도로 여행을 많이 하였다"고 전해진다.

그때마다 자신이 경험한 자연을 시로 형상화하였고 전통의 민속과 연희에 대해서도 관심을 가지고 이를 전 생애에 걸쳐 꾸준히 시로 작성하였다고 한다.

이러한 노력의 산물로 『동국세시기(東國歲時記)』가 탄생했다.

차례

5월

4월

6월

9월

8월

10월

11월

12월

東國歲時記

1800년대 음식으로 들여다보는
선조들의 세시풍속

동국세시기

1월
- 떡국(餅湯) • 도소주(屠蘇酒) • 교아당(屠蘇酒)
- 입춘오신반(立春五辛般) • 약반(藥飯) • 팥죽(赤小豆粥)
- 대보름 부럼 깨기 • 복쌈(福裹) • 묵은 나물(陳菜)
- 오곡잡반(五穀雜飯) • 귀밝이술(牖聾酒)

2월
- 노비송편(奴婢松餅)

3월
- 두견화전(杜鵑花煎) • 수면(水麵) • 탕평채(蕩平菜)
- 수란(水卵) • 조깃국(石首魚湯) • 복어탕(河豚)
- 마절편(薯蕷片) • 감홍로(甘紅露) • 계당주(桂糖酒)
- 노산춘(魯山春) • 이강고(梨薑膏) • 죽력고(竹瀝膏)
- 산병(鐵餅) • 오색환병(五色圓餅) • 대추시루떡(棗甑餅)

떡국(餠湯)

원문 및 해석

蒸粳米粉置大板上 以木杵有棅者 無數擣打引作長股餅 名曰白餅
因細切薄如錢 和醬水湯熟 調牛雉肉番己椒屑 名曰餅湯, 市肆以時 賣之

멥쌀가루를 쪄서 안반 위에 놓고 떡메로 무수히 쳐서 길게 늘여 만든 떡을 가래떡 또는 흰떡이라고 한다. 이것을 엽전 두께만큼 얇게 썰어 장국에 넣고 끓인 다음 쇠고기나 꿩고기를 넣고 후춧가루를 쳐서 조리한 것을 떡국이라고 한다. 떡국을 시절음식으로 판매한다.

재료 및 분량

꿩 1마리(700g), 물 15컵, 향채(대파 30g, 마늘 10g)
떡국떡 450g
파 5g, 달걀 2개, 청장 1큰술
소금 1½작은술, 후춧가루 1/2작은술

만드는 방법

1. 냄비에 물을 붓고, 손질한 꿩을 넣어 센 불에 올려 끓으면 중불로 낮추어 30분 정도 끓인 후, 손질한 향채를 넣고 30분 정도 더 끓여 식힌 뒤 면포에 걸러 육수를 만든다.
2. 익은 꿩고기는 건져 가늘게 찢어놓고, 파는 어슷하게 썰고, 달걀은 황·백으로 지단을 부쳐 채썰어 준비한다.
3. 냄비에 꿩육수를 붓고 끓으면 떡국떡을 넣고 떡이 떠오르면 파를 넣고, 마지막에 청장과 소금으로 간을 한다.
4. 떡국을 그릇에 담고, 찢은 꿩고기와 황·백지단을 고명으로 얹은 다음 후춧가루를 뿌린다.

알아두기

- 꿩고기로 육수를 낼 때에는 꿩을 깨끗이 손질하여 처음부터 찬물에 꿩고기를 넣고 육수를 내야 깊은 맛이 난다.
- 육수용 향채는 국물이 충분히 우러난 후 넣어주어야 향이 날아가지 않아 누린내 제거에 효과가 있다.
- 까투리(암컷) 도축 후 7~800g, 장끼(수컷) 도축 후 1~1.4kg이다.
- 떡국을 끓일 때 육수에 떡국떡을 넣고 너무 오래 끓이면 국물이 탁하고 풀어진다.

STORY

떡국은 나이를 한 살 더하는 떡이라 하여 첨세병(添歲餅)이라고도 하고 병탕(餠湯)이라 한다. 설날에는 조상님들께 차례를 올리고 집안 어른들께 세배를 하고 손님을 맞이할 때 세찬을 준비하였는데 이때 빠지지 않는 것이 떡국이다. 길고 흰 가래떡은 새해 가족들이 무병 무탈하기 바라는 마음이 들어 있고 엽전모양으로 둥글게 썬 것은 일 년 내내 재복이 많았으면 하는 염원이 담겨 있다.
『**조선상식문답**』에 의하면 "새해 첫날 1년을 준비하는 깨끗하고 청결한 마음가짐을 갖고자 하여 흰 떡국을 끓여 먹는데 떡국은 흰색 음식으로 순수무구한 경건의 의미가 담겨 있기 때문이다"고 하였다.
떡국에 관한 첫 기록은 조선 중기 광해군 때 『**영접도감의궤**』에 "병갱(餅羹)"이란 명칭이 쓰였으며 『**열양세시기**』와 『**동국세시기**』에는 그 조리법이 자세하게 기록되어 있다.

도소주(屠蘇酒)

원문 및 해석

按宗懍 荊楚歲時記 元日進屠蘇酒 膠牙餳 此卽歲酒歲饌之始

종름의 형초세시기에서는 설날 도소주와 교아당을 올린다. 이것이 세주 세찬의 시초이다.

재료 및 분량

엿기름가루 2컵, 물 2½컵, 찹쌀 500g

찹쌀 1kg, 누룩 150g, 끓여 식힌 물 2½컵

밀감피 10g, 산초 10g, 백출 10g, 방풍 15g, 계피 10g

만드는 방법

1. 엿기름가루를 미지근한 물에 풀어 윗물이 맑아질 때까지 3시간 정도 그대로 두었다가 윗물만 따라 엿기름물을 준비한다.

2. 찹쌀은 깨끗이 씻어 5~6시간 정도 물에 불린 후, 1시간 정도 물기를 빼고 김 오른 찜기에 올려 40분 정도 쪄서 고두밥을 만들고, 고두밥이 따뜻할 때 엿기름물을 부어 따뜻한 곳(60℃ 정도)에서 10시간 정도 삭힌 후 면주머니로 짜서 준비한다.

3. 찹쌀은 깨끗이 씻어 5~6시간 정도 물에 불린 후, 1시간 정도 물기를 빼고, 김 오른 찜기에 올려 40분 정도 고두밥을 찐 후 차게 식혀 누룩과 엿기름 삭힌 물, 끓여 식힌 물을 넣고 잘 버무려 3주 정도 발효시켜 맑은 청주를 준비한다.

4. 약재를 면주머니에 넣어 하룻밤 찬물에 담갔다가 아침에 꺼낸다.

5. 냄비에 약재 면주머니와 청주를 넣고 한소끔 끓여 식힌다.

알아 두기

• 약재는 하룻밤 찬물에 담갔다가 사용한다.
• 고두밥이 고루 잘 쪄져야 술이 잘 된다.
• 약재와 청주를 끓일 때에는 낮은 불에서 올려 끓어 넘치지 않도록 주의한다.
• 술을 빚는데는 육재(六材)가 좋아야 하는데 좋은 쌀, 좋은 누룩, 좋은 물, 깨끗한 위생, 좋은 용기, 알맞은 온도이다.

STORY

정월 세주인 도소주는 설날 아침 세찬과 함께 차례에 올리는 술로 차례를 지낸 후 집안의 모든 가족이 나누어 마셨다. 도소주의 도는 잡을 도(屠), 사악한 기운 소(蘇), 술 주(酒)로 이 술은 새해 사악한 기운을 잡아내기 위해 마시는 술로 벽사의 의미가 있다.

『증보산림경제』에 "백출, 대황, 도라지, 계심, 호장근, 천초를 썰어서 비단 주머니에 담아서 12월 그믐날 우물에 담갔다가 설날 이른 새벽에 꺼내어 청주 두 병에 담갔다가 끓여서 두어 차례 끓어오르면 동쪽을 향하고 아이부터 노인까지 모두 1잔씩 마신다. 3일 아침을 마시고 나서는 그 찌꺼기를 다시 우물 속에 담가둔다. "한 사람이 마시면 온 집안에 병이 없고 한 집안이 마시면 온 고을이 병이 없다"고 자세히 기록되어 있다.

『동의보감』에도 "백미, 천초, 거목, 길경, 호장근, 오두거피를 주머니에 넣어 12월 회일에 우물에 넣어 정월 초일에 꺼내어 술에 넣고 잠깐 끓여 동쪽으로 향하여 마시면 1년 내내 질병이 없다"고 기록되어 있다.

교아당(膠牙餳)

원문 및 해석

按宗懍荊楚歲時記 元日 進屠蘇酒膠牙餳 此卽歲酒歲饌之始

종름의 형초세시기에서는 설날 도소주와 교아당을 올린다. 이것이 세주 세찬의 시초이다.

재료 및 분량

엿기름가루 2½컵, 물 30컵(6ℓ)
멥쌀 3kg
노란 콩가루 1컵

만드는 방법

1. 엿기름은 사주머니에 넣어 미지근한 물에 30분 정도 불린 다음 주물러 짜서 1시간 정도 가라앉혀 맑은 윗물을 준비한다.

2. 멥쌀은 깨끗이 씻어 30분 정도 불린 후, 밥을 짓는다.

3. 밥에 엿기름의 맑은 윗물을 붓고 잘 섞어서 60~65℃ 정도를 유지하며 9~10시간 정도 삭혀 밥알이 10알 정도 떠오르면 식혜를 면주머니로 짜서 삭힌 밥물을 준비한다.

4. 두꺼운 솥에 준비한 밥물을 넣고 센 불에서 밥물이 넘치지 않도록 30분 정도 끓인 다음 약한 불에서 잔거품이 나고 누르스름하고 윤기가 날 때까지 4시간 정도 졸이면 조청이 된다.

5. 1시간 정도 더 졸이면 거품이 크게 생기고 걸쭉하게 갱엿이 되는데 이때 불을 끄고 꺼내어 노란 콩가루에 묻혀 굳힌다.

알아두기

• 엿기름물에 밥을 충분히 삭혀야 좋은 갈색의 엿을 만들 수 있다.
• 엿기름은 햇것이 좋고 너무 많이 넣으면 엿에서 단내가 나서 좋지 않다.
• 밥을 삭히는 식혜물이 너무 뜨거우면 발효가 안 되고 너무 오래 삭히면 쉰다.

STORY

사람들은 설날 복 엿을 먹으면 얼굴에 부스럼이 생기지 않고 과거시험에도 한 번에 붙고 엿가락처럼 살림이 늘어나서 부자가 된다고 여겼다.

교아당은 "설날에 도소주와 교아당을 올린다"라는 『**형초세시기**』의 기록이 있으며 엿기름을 넣고 쌀을 고아 만든 엿이다. 『**동국세시기**』에 젊은 남녀들이 이른 새벽 엿을 깨무는 것을 치교(齒交)라고 한다. 치교(齒交)는 '이 내기'로서 누구이가 튼튼한지를 겨룬다는 뜻이다'라고 기록되어 있다. 정월 대보름날 엿 깨물기는 한 해 동안 부스럼을 예방하며 이[齒]를 튼튼하게 하려는 주술적인 목적이 있었다.

정월 대보름에 먹는 교아당은 새해 건강을 지키고 만복을 붙여주는 좋은 음식이 되었다.

『**동의보감**』에 엿은 "허한 것을 보하고 갈증을 멈추며 비위를 튼튼하게 하고 몰린 피를 헤치며 기력을 돕고 기침을 멈추게 한다"고 하였다.

입춘오신반(立春五辛般)

원문 및 해석

畿峽六邑 進蔥芽 山芥辛甘菜 山芥者初春雪消時 山中自生之芥也
熱水淹之調醋醬 味極辛烈 宜於食肉之餘

경기도 산골지방 6읍에서 파싹, 산개, 승검초를 올린다. 산개는 이른 봄눈이 녹을 때 산속에 자라는 겨자다. 더운물에 데쳐 초장에 무쳐 먹으면 맛이 매우 맵다. 그래서 고기와 먹으면 뒷맛이 좋다.

재료 및 분량

움파 200g, 산개(산갓) 200g, 승검초 200g
(부추, 달래 등)
양념: 간장, 고추장, 된장, 식초, 다진 파, 다진 마늘, 꿀, 깨소금

만드는 방법

1. 움파와 산갓(山芥)은 깨끗이 다듬고 씻는다.

2. 냄비에 물을 넣고 끓으면 움파와 산갓(山芥)을 넣고 데친 후, 찬물에 담갔다가 물기를 짠다.

3. 데친 움파와 산갓은 기호에 따라 간장양념이나 초간장, 초고추장 등을 넣고 무친다.

4. 승검초와 달래 등의 매운 채소는 먹기 좋은 크기로 썰어 준비한다.

알아 두기

• 돌미나리, 무순 등 매운맛의 채소도 사용한다.
• 데쳐서 숙채로 양념을 넣고 무쳐 먹기도 하고, 익히지 않고 생채로 무쳐 먹기도 한다.
• 입춘 무렵에 매운맛이 나는 채소를 먹으면 겨우내 잠자고 있던 오장육부를 깨워 활기를 준다.

STORY

입춘에 오신반을 먹는 것은 추운 겨울 동안 먹지 못했던 채소의 영양소를 보충하고 봄철 소생의 기운을 담은 오신채를 먹음으로써 움츠렸던 몸을 펴고 봄기운을 맞이하는 건강한 풍습이다.

『경도잡지』에 "경기도 산골지방 여섯 고을에서는 움파, 산갓, 승검초 등 햇나물을 눈 밑에서 캐내어 임금께 진상한다. 궁중에서는 이것으로 '오신반'을 장만하여 수라상에 올렸다"고 기록되어 있다. 여기서 나온 '오신반'은 매운맛이 나는 채소들 중 오방색에 맞춰 나물을 해서 올린 것으로 임금이 중신들에게 선물로 하사하여 조정의 일에 한뜻을 모으길 당부하기도 하였다.

『동국세시기』에서는 "동진 사람 이악이 입춘날에 무와 미나리로 채반을 만들게 하여 서로 선물하였다"고 한 것으로 보아 입춘이 되면 서민들도 절식으로 오신채를 먹거나 선물하였다. 『아름다운 세시음식』에 따르면 "오색의 의미는 인(仁, 靑)·예(禮, 赤)·신(信, 黃)·의(義, 白)·지(智, 黑)의 덕목과 간(靑)·심장(赤)·비장(黃)·폐(白)·신장(黑)의 인체 기관을 의미한다. 입춘날 오신채를 먹으면 다섯 가지 덕을 모두 갖추게 되고, 신체의 모든 기관이 균형과 조화를 이루어 건강해진다고 믿었다.

약반(藥飯)

원문 및 해석

炊糯米拌 棗栗油蜜醬 再蒸 調海松子 名曰藥飯 上元佳饌 用以供祀 盖新羅舊俗也

찹쌀을 쪄서 대추, 밤, 기름, 꿀, 간장 등을 섞어 함께 찌고 잣을 넣어 만든 것을 약밥이라 한다. 이것은 보름날의 좋은 음식으로, 제사에 쓴다. 이것은 신라의 옛 풍습이다.

재료 및 분량

찹쌀 컵(500g)
소금물 : 물 1/4컵, 소금 1/4작은술
밤 7개, 대추 10개, 잣 1큰술
간장 3큰술, 꿀 1/2컵, 참기름 1큰술

만드는 방법

1. 찹쌀은 씻어 3시간 정도 불린 후 체에 밭쳐 10분 정도 물기를 뺀다. 김 오른 찜통에서 30분 정도 찌다가 소금물을 뿌리고 위아래를 고루 뒤섞어 30분 정도 더 찐다.

2. 밤은 껍질을 벗겨 4~6등분하고, 대추는 돌려깎아 씨를 제거하고 4등분한다. 잣은 고깔을 뗀다.

3. 찐 찹쌀에 간장, 꿀, 참기름을 넣고 고루 섞은 다음 밤, 대추, 잣을 넣고 잘 섞어 그릇에 담는다.

4. 찜통에 물을 넣고 약식 담은 그릇을 넣고 1시간 정도 중탕한다.

알아 두기

• 중탕으로 찌면서 20분마다 아래위로 뒤집어 쪄야 색이 골고루 든다.

• 밥이 질지 않게 고슬고슬하게 쪄야 하며, 양념을 고루 섞어 약밥(약반)이 얼룩지지 않도록 색을 고르게 낸다.

• 찜통에 쪄내는 것보다 끓는 물에 넣고 중탕으로 쪄내는 것이 색이 훨씬 검고 찌는 과정 중에 캐러멜화 반응이 계속 일어나 깊은 맛이 있다.

STORY

약반은 정월 대보름의 절식으로 '약밥' 또는 '약식(藥食)'이라고 하는데 약이 되는 음식이라 붙여진 이름이다. 우리나라에서는 귀한 것에 '약(藥)'자를 붙이는 경우가 많고 꿀을 약으로 사용하였기에 꿀이 들어간 음식에 '약'자를 붙이기도 하였다.

『삼국유사 '사금갑조』에 따르면 "신라 소지왕이 재위 10년에 왕이 경주 남산 천천정(天泉亭)에 나들이를 갔을 때 까마귀를 따라간 곳에서 나타난 노인이 준 봉서 안에 적힌 사금갑으로 인하여 목숨을 구하게 되었다. 이로부터 이날을 기념하여 오기일(烏忌日)이라 하고, 그 은혜에 보답하기 위해 정월 대보름에 까만 찰밥을 지어 까마귀에게 제사를 지냈다"고 한다. 이 풍습이 전해져 지금의 정월 대보름 절식이 되었다.

『도문대작』에 "우리의 약밥을 중국 사람들이 매우 즐기고, 이것을 나름대로 모방하여 고려밥이라 하면서 먹고 있다"고 하여 약식이 중국에까지 전해진 것을 알 수 있다.

팥죽(赤小豆粥)

원문 및 해석

望前煮赤小豆粥食之 按荊楚歲時記 州里風俗 正月望日 祭門
先以柳枝揷門仍 以豆粥揷箸而祭之 今俗設食似沿于此

정월 보름 전에 붉은팥으로 죽을 쑤어서 먹는다. 생각건대 『형초세시기』에 "마을의 풍속에
정월 보름날 문에 제사를 지내는데 먼저 버들가지를 문에 꽂은 뒤 팥죽을 숟갈로 떠서
끼얹고 제사 지낸다"고 했다. 지금 풍속에 팥죽을 먹는 것이 여기에서 연유한 것이다.

재료 및 분량

붉은팥 1컵, 물 10컵
멥쌀 1/2컵
소금 1작은술(4g)

만드는 방법

1. 쌀은 물에 씻어 2시간 정도 불리고 체에 밭쳐 10분 정도 물기를 뺀다. 붉은팥도 깨끗이 씻는다.

2. 냄비에 붉은팥과 10컵 정도의 물을 붓고 센 불에서 10분 정도 끓이다가 중불로 낮춰 1시간
   정도 끓여 팥이 푹 무르게 삶는다.

3. 팥이 뜨거울 때 체에 넣고 주걱으로 으깨어 내린 후, 앙금을 가라앉힌다.

4. 냄비에 가라앉힌 팥 윗물과 불린 쌀을 넣고 센 불에 올려 끓으면, 중불로 낮추어 20분 정도
   끓이다가, 쌀알이 퍼지면 팥앙금을 넣고 약불에서 뚜껑을 덮어 가끔 저으면서 10분 정도 더
   끓이고, 소금으로 간을 맞춘 다음 한소끔 끓인다.

알아 두기

- 팥은 푹 삶아서 체에 내려야 잘 내려진다.
- 냄비에 팥죽이 넘치거나 밑에 눋지 않도록 잘 저어가며 끓여준다.
- 팥죽을 쑬 때 팥앙금을 먼저 넣지 않고 팥물과 쌀을 넣고 먼저 끓이다가 앙금을 넣는 이유는
  팥앙금이 냄비 밑에 눌어붙지 않게 하기 위함이다.

STORY

팥죽은 애초에 노약자 및 병자를 비롯한 일반인의 보양식으로 널리 애용되었던 음식이었다.
그런데 팥이나 팥죽이 붉은색으로 인하여 귀신을 쫓는 데 중요한 상징물이 되었고 팥죽이 동지와 맞물리면
서 유행하게 되었다.
『목은집』에 팥죽이 기록되어 있는 것으로 보아 팥죽의 역사는 고려시대 그 이전으로 보인다.
『동국세시기』에 상원, 삼복, 동지 등에 적두(赤豆)로 죽을 쑤어 먹었다는 기록이 있다.
한국풍속에서 붉은색은 귀신이 꺼리는 색이라 여겼으며 악귀를 물리치고 집안의 평안과 무병을 기원할 때 많이
쓰였다. 최근에는 팥죽으로 제사는 지내지 않고 붉은 팥죽을 쑤어 이웃과 나누는 풍속만 남아 있다.

대보름 부럼 깨기

清晨 嚼生栗 胡桃 銀杏 皮栢子 蔓菁根之 屬 祝曰 一年十二朔無事
太平 不生癰癤 謂之嚼癤 或云固齒之方

이른 새벽에 생밤, 호두, 은행, 잣, 무 등을 깨물며 "일 년 열두 달 동안 무사태평하고
종기나 부스럼이 나지 않게 해 주십시오." 하고 축사한다. 이를 작절(嚼癤)이라고 한다.
혹은 고치지방(固齒之方 : 이를 단단하게 하는 방법)이라고도 한다.

재료 및
분량

생밤, 호두, 은행, 잣, 무

만드는
방법

1. 생밤은 물에 가볍게 씻어 표면의 물기를 닦는다.

2. 호두와 은행, 잣은 젖은 면포로 깨끗이 닦는다.

3. 무는 다듬어 물에 씻어 물기를 뺀다.

4. 소쿠리에 가지런히 담는다.

알아
두기

• 부럼은 생것을 이로 깨물어 먹는 것이므로 깨끗이 씻어서 준비한다.
• 우리 민족의 고유한 풍습이므로 가족들과 함께 즐기며 오랫동안 지켜나가는 것이 바람직하다.

STORY

부럼은 "정월 대보름날 새벽에 생밤, 호두, 은행, 무, 잣, 땅콩 등의 부럼을 깨물면서 한 해 동안 무사태평하고
종기나 부스럼이 나지 않기를 기원하였다"고 『한국민속대사전』에 나와 있다.
단단한 부럼을 깨무는 소리에 잡귀가 놀라 물러간다고 하였으며 이를 단단하게 단련하기 위해 행하는 풍습이라
고도 하였다.
무 역시 부럼의 일종으로 생밤이나 호두보다 손쉽게 구할 수 있으므로 부럼 깨물기 풍속에 속한다.
『해동죽지』에 "옛 풍속에 정월 대보름날 호두와 잣을 깨물어 부스럼이나 종기를 예방한다." 하였고 궁중에서는
임금의 외척들에게 나누어주었고 일반 시장에서는 밤에 불을 켜놓고서 부럼을 팔았는데 집집마다 사가느라
크게 유행하였다"고 하여 부럼 깨기가 일반 백성들과 궁중에서까지도 성행했음을 알 수 있다.
이러한 대보름 부럼 깨기 풍속이 계속 이어지기를 희망한다.

복쌈 (福裹)

<table>
<tr><td>원문 및
해석</td><td>以菜葉 海衣裹 飯啗之謂之 福裹

배추 잎과 김으로 밥을 싸서 먹는데 이것을 복과라 한다.</td></tr>
</table>

재료 및 분량

밥 4공기
김 5장, 참기름(들기름) 2큰술, 소금 1작은술
데친 취나물 100g, 간장 1½작은술, 참기름 1작은술
배추김치 잎 400g

만드는 방법

1. 김을 쟁반에 1장씩 펴서 잡티를 털어낸 후, 참기름(들기름)을 고루 바르고 소금을 뿌린다.

2. 김 2장을 포개어 석쇠나 달궈진 팬에 고루 타지 않게 굽는다.

3. 데친 취나물은 물기를 짜서 간장과 참기름을 넣고 무친다.

4. 김과 취나물, 배추김치 잎에 밥을 넣고 밥이 보이지 않게 싼다.

알아 두기

• 예로부터 김쌈을 싸는 김은 칼로 자르면 벼의 모가지 자르는 것이라 하여 칼로 자르지 않고 통김을 그대로 사용하며, 손으로 대충대충 잘라서 큼직하게 쌈을 싼다.
• 지역에 따라 쌈의 재료가 다양하게 이용된다.

STORY

복쌈이란 정월 대보름에 복을 싸서 먹는다는 의미로 먹었는데 『**동국세시기**』에 "배추 잎과 김으로 밥을 싸서 먹으며 이것을 '복과(福裹)'라고 한다"고 기록되어 있다.
『**열양세시기**』에도 "등속은 많이 싸서 먹어야 좋으며 박점 또는 복쌈이라 부르니 이것도 기풍(祈豊)의 뜻이 담겨 있다." 하여 복받기를 기원하는 마음이 들어 있다.
『**한국민속대백과사전**』에 '노적 쌓기'는 전북지방의 풍속으로 정월 대보름날 오곡밥을 하면 우선 윗목 성주 앞에 담아놓고 장독대에는 '노적쌈'을 놓는데 오곡밥을 김에 싸서 쌓아올린 것이다. '노적쌈'은 볏단을 쌓듯 많이 쌓을수록 좋은데 그러면 가을에 농사가 풍년이 든다고 생각하였다. 노적 쌓기로 쌓은 복쌈을 먹으면 무병장수하여 복이 온다고 믿었으며 대보름, 생일, 명절 때 상에 올리기도 하였다.
복쌈의 재료에는 김이나 취나물, 배추김치 잎 외에도 아주까리 잎을 쓰기도 하며 해안에서는 곰피, 다시마, 물미역 등으로 싸먹었다.

묵은 나물(陳菜)

원문 및 해석

畜匏瓜蕈藫諸乾物及大豆黃卷 蔓菁蘿蔔謂之陳菜 必於是日作菜食之 凡瓜顱茄皮 蔓菁葉皆不棄曬乾亦爲烹食謂之 不病暑

박나물, 표고버섯 등의 말린 것과 대두황권, 순무, 무 등을 묵혀둔다. 이것을 진채라 한다. 이것들을 반드시 이날 나물로 무쳐 먹는다. 대체로 오이꼭지, 가지고지, 시래기 등도 모두 버리지 않고 말려두었다가 삶아서 먹는다. 이것들을 먹으면 더위를 먹지 않는다고 한다.

재료 및 분량

말린 나물 : 가지고지, 시래기, 토란대, 취나물, 고구마줄기, 고사리, 아주까리 잎, 애호박고지, 무
양념 : 간장, 소금, 다진 파, 다진 마늘, 깨소금, 통깨

만드는 방법

1. 말린 가지고지, 시래기, 애호박고지, 토란대, 취나물, 고구마줄기, 고사리, 아주까리 잎은 각각 충분히 불려 삶은 후 찬물에 1시간 정도 담갔다가 물기를 살짝 짜서 3~4cm 정도의 길이로 썬다.
2. 각각에 양념을 넣고 조물조물 무친 후 달궈진 팬에 넣고 볶는다.
3. 무는 깨끗이 씻어 5~6cm 길이로 자르고, 0.5cm 굵기로 채썬 후 양념을 넣고 간이 배도록 무친 후 볶아준다.
4. 각각의 볶아진 나물 위에 통깨를 뿌린다.

알아 두기

• 무나물을 볶을 때는 중간불에서 오래 볶아야 간이 들고 맛이 있다.
• 모든 나물들은 미리 양념하여 무쳐 놓았다가 볶으면 양념이 잘 배어서 맛이 있다.
• 예전에는 9가지 나물로 대두황권과 박나물을 먹었다.
• 마른 나물 재료를 불리려면 우선 물에 담가 어느 정도 불린 뒤 삶아서 다시 물에 담가둔다.
• 아린 맛이나 좋지 않은 맛이 있는 재료는 불릴 때 물을 갈아가면서 불려야 한다.
• 요즘은 박나물이나 대두황권은 구하기가 어렵다.

STORY

정월 대보름날에는 오곡밥과 지난해에 만들어둔 말린 채소들을 삶아 양념하여 먹었다.
『경도잡지』에 "더위를 먹지 않는다고 하여 묵은 나물을 먹는다"고 기록된 것으로 보아 묵은 나물을 먹는 이유는 정월 대보름 더위를 파는 풍속과 비슷한 맥락이라 볼 수 있다.
『동국세시기』에 묵은 나물을 해먹는 재료들이 자세히 기록되었는데 박나물, 말린 버섯, 콩나물, 순무, 무말랭이, 시래기 등 지금도 여전히 먹고 있는 나물을 명시하였으며 지금은 먹지 않는 외꼭지, 가지꼭지 등을 말려두었다가 삶아서 먹었다고 한다. 대개는 강원도처럼 산이 많은 곳은 취나물 등의 산나물을 말려두었다 썼으며 해안가에서는 모자반과 같은 해초류를 말려두었다가 나물을 만들어 먹기도 하였다. 제철재료를 보관하기 어려웠던 시대에 제철재료를 말려서 묵은 나물로 사용했던 조상들의 식재료 저장법에 지혜가 돋보인다.

오곡잡반(五穀雜飯)

원문 및 해석

作五穀雜飯 食之 亦以相遺 嶺南俗 亦然 終日食之 盖襲社飯
相饋之 古風也

오곡으로 잡곡밥을 지어 먹는다. 역시 서로 나누어 먹는다. 영남지방의 풍속도 역시 하루
종일 이 밥을 먹는다. 이것은 제삿밥을 나누어 먹는 옛 풍습을 답습한 것이다.

재료 및 분량

찹쌀 2컵, 차수수 1/2컵, 검은콩 1/2컵, 차조 1/4컵
붉은팥 1/2컵, 물 3컵
밥물 : 물 2컵, 팥 삶은 물 1/2컵, 소금 1/2큰술

만드는 방법

1. 찹쌀과 차수수, 검은콩은 깨끗이 씻어 찹쌀은 30분, 차수수는 1시간, 검은콩은 3시간 정도
   불린다. 차조는 물에 씻어 인 뒤 체에 밭쳐 10분 정도 물기를 뺀다.

2. 냄비에 붉은팥과 물을 붓고 20분 정도(팥이 터지지 않을 정도) 삶는다.

3. 팥 삶은 붉은 물과 소금물을 섞어 밥물을 만든다.

4. 밥솥에 찹쌀과 검은콩, 차수수, 붉은팥을 넣고 밥물을 부어, 센 불에 5분 정도 끓이다가 차조
   를 넣고 3분 정도 더 끓인 뒤 중불로 낮추어 10분 정도 끓인다. 쌀알이 퍼지면 약불로
   낮추어 뜸을 들인다.

알아 두기

- 오곡밥을 찜기에 찔 때는, 붉은팥 삶은 물에 소금을 섞어 중간에 골고루 뿌리고 한번 섞어
  준 뒤에 찐다.
- 오곡밥을 지은 다음 바로 밥을 푸지 않고 잠시 뜸을 들여야 밥맛이 좋다.
- 오곡밥을 지을 때 처음부터 차조를 넣으면 차조가 너무 물러지므로 나중에 넣는다.

STORY

오곡잡반은 꿀, 참기름, 견과류 등 귀한 재료로 만든 양반가의 약식에서 유래되어, 서민들이 구하기 쉬운 다양한
곡식을 섞어 넣고 만들어 먹는 오곡밥으로 전해내려 오게 되었다.
『**규합총서**』의 오곡밥은 다섯 가지 곡식 이외에 대추와 검은콩이 들어가며 오곡은 상징적인 의미로 다양한 곡류를
섞어 지은 밥을 말한다.
『**아름다운 세시음식**』에 정월 대보름의 오곡밥은 한번에 많은 양을 쪄서 서로 나누어 먹었는데 성(性)이 다른 세 집
이상 나누어 먹어야 그해의 운이 좋으며 백 집에 나누어 먹어도 좋다 하여 '백가반'이라 하였다. 오곡밥은 묵은 나물과
함께 하루에 여러 번 먹어야 좋다고 하였는데 일 년 동안 부지런히 일하라는 뜻이 담겨 있다.
『**동국세시기**』에 '오곡잡반'은 찰밥, 약식과 구분된 오곡밥의 최초 기록이다.

귀밝이술(牖聾酒)

원문 및 해석

飮淸酒一盞不溫 令人耳聰 謂之牖聾酒

청주 한 잔을 데우지 않고 마시면 귀가 밝아진다고 하는데 이 술을 귀밝이술이라 한다.

재료 및 분량

밑술 : 멥쌀 1kg, 끓는 물 1.5L
누룩 200g
덧술 : 찹쌀 2kg

만드는 방법

1. 멥쌀을 깨끗이 씻어 물에 5~6시간 정도 불린 후, 1시간 정도 물기를 빼고 가루로 빻은 다음 끓는 물 1.5L를 부어 범벅을 만들어 식힌다.

2. 식힌 범벅에 누룩을 넣어 잘 버무린 후 밑술을 빚어 술독에 넣고 23~25℃에서 3일간 발효시킨다.

3. 찹쌀을 깨끗이 씻어 5~6시간 정도 불린 후, 1시간 정도 물기를 빼고 김 오른 찜기에 넣고 40분 정도 찐 다음 차게 식힌다.

4. 식힌 고두밥에 밑술을 넣고 잘 버무려 덧술을 빚어 술독에 넣고 23~25℃에서 20일 발효시킨다.

알아 두기

• 술 빚을 때 사용되는 범벅이나 고두밥은 차게 식혀서 술을 빚어야 좋은 술이 된다.
• 술 담는 용기와 기물들은 소독을 잘 해야 잡균이 번식하지 않는다.
• 술을 담은 후 늘 같은 온도를 유지해 줘야 술이 안정적으로 발효된다.

STORY

귀밝이술은 "정월 대보름날 아침에 데우지 않은 청주 한 잔을 마시면 귀가 밝아지고, 그해 일 년 동안 즐거운 소식을 듣는다고 하여 남녀노소 모두가 마셨다"고 『동국세시기』에 기록되어 있다.
이 술은 귀를 잘 들리게 하는 술이라 하여 귀밝이술, 이명주, 치롱주라 하였다. 『농가월령가』에 "귀 밝히는 약술"로 기록되어 있는 것으로 보아 예로부터 귀밝이술은 약술로서의 의미가 있음을 알 수 있다.
『한국세시풍속사전』에 귀밝이술은 어른아이 할 것 없이 마셨는데 아이들은 입에 대었다 떼는 것만으로 마셨다고 하며 아이들이 귀밝이술을 마실 때 어른이 "귀 밝아라, 눈 밝아라"라고 덕담을 하였다고 한다.
청주를 마실 때에는 데워서 마셨는데 귀밝이술을 마실 땐 차게 먹었던 것은 제화초복(除禍招福)을 기원하는 세시풍속의 하나로 벽사(辟邪)의 의미가 담겨 있다.

노비송편(奴婢松餠)

卸下上元禾竿穀 作白餠 大者如掌 小者如卵皆作半璧樣 蒸豆 爲餡
隔鋪松葉於甑內蒸熟而出 洗以水塗 以香油 名曰松餠
饋奴婢如齒數 俗稱是日爲奴婢日

"정월 보름날 세워두었던 볏가릿대[禾竿]에서 벼이삭을 떨어서 흰떡을 만드는데, 큰 것은
손바닥만 하게, 작은 것은 달걀만 하게 하며, 모두 반달 같은 모양으로 만든다. 콩을 쪄
서 떡 안에 넣고 그것들 사이에 솔잎을 시루 안에 넙넙이 켜를 지어 넣어 찐다. 푹 익으면 꺼
내어 물로 씻은 다음 참기름을 바른다. 이것을 송편[松餠]이라고 한다. 이 송편을 노비들에게
나이 수대로 먹인다. 그래서 이날을 속칭 노비를 위한 날 노비일[奴婢日]이라고 한다."

**재료 및
분량**

멥쌀가루 300g, 소금 2/3작은술, 끓는 물 1/2컵
콩 삶은 것 100g
솔잎, 참기름

**만드는
방법**

1. 멥쌀가루에 소금을 넣고 끓는 물로 익반죽하여 충분히 치대어 반죽한다.

2. 쌀가루반죽을 30g정도씩 떼어, 삶은 콩을 넣고 오므려 송편 모양으로 빚는다.

3. 찜기에 물을 붓고 센 불에 올려 김이 오르면 젖은 면포를 깔고 솔잎을 고루 편 후 송편을
   가지런히 놓는다. 다시 솔잎과 송편을 켜켜로 얹고, 센 불에서 20분 정도 찐다.

4. 쪄진 떡은 꺼내어 재빨리 물에 담갔다가 건져서 솔잎을 떼어내고 참기름을 바른다.

**알아
두기**

• 반죽할 때 끓는 물로 익반죽하면 호화가 빨라서 반죽이 잘 된다.
• 반죽은 많이 치대야 송편의 식감이 쫄깃하고 맛이 있다.
• 송편의 소는 콩 이외에 팥, 밤, 대추, 깨 등 다양한 재료를 사용한다.

STORY

2월 초하룻날은 새해 농사를 시작하기 위해 몸과 마음을 가다듬는 중화절이다.
이날은 '노비일' 또는 '머슴날'이라 하여 농사를 시작하기 앞서 송편을 손바닥만 하게 크게 만들어 노비의 나이
수대로 나누어주었다. 노비(머슴)에게 먹인다 하여 노비송편. 노비의 나이수만큼 먹도록 했다고 해서 '나이송편'
이라고도 불렀다. 지역에 따라서는 이날 휴가를 주거나 옷을 해주기도 하였으며 머슴끼리 모여 놀도록 술과 음
식을 장만해 주었다.
『경도잡지』에서는 "정월 보름날 세운 볏가릿대[禾竿]를 풀어내려 솔잎을 깔아 찐 떡을 나이 수대로 노비들에게
먹인다. 세속에서는 이날을 노비일이라고 하는데 농사일이 이날부터 시작되므로 먹는 것이라고 한다"라고 기록
되어 있다. 이처럼 주인들이 자신들이 아닌 노비들에게 떡과 술을 대접하는 풍습은 한 해 농사를 잘 부탁한
다는 격려의 의미와 함께 농사의 풍요를 기원하는 의미를 담고 있다.

두견화전(杜鵑花煎)

원문 및 해석

採杜鵑花 拌糯米粉 作圓餻 以香油煮之 名曰 花煎

진달래꽃을 따다가 찹쌀가루에 반죽을 하여 둥근 떡을 만들고 그것을 기름에 지진 것을 화전이라 한다.

재료 및 분량

찹쌀가루 5컵, 소금 1/2큰술, 물
진달래꽃 20송이
식용유 3큰술, 꿀 1/2컵

만드는 방법

1. 찹쌀가루에 소금을 넣고 체에 내린 후 끓는 물을 넣어 익반죽을 하고, 직경 5cm 정도의 크기로 동글납작하게 빚는다.

2. 진달래꽃은 꼭지를 떼어 꽃술을 떼어내고 물에 살짝 씻어 물기를 닦아놓는다.

3. 팬에 식용유를 두르고 반죽을 놓고 지진 다음 뒤집어 익은 면에 꽃을 놓는다.

4. 완성된 화전을 그릇에 담고 꿀을 묻혀 낸다.

알아두기

• 찹쌀가루 반죽은 익반죽을 해야 반죽이 잘 뭉쳐지고 모양이 잘 만들어진다.
• 진달래 꽃술은 약간의 독성이 있을 수 있으니 떼어내고 꽃은 물에 가볍게 씻어 사용한다.
• 지금은 화전을 지질 때 식용유를 사용하지만 예전에는 참기름에 지져 먹었다고 한다.

STORY

진달래화전은 음력 3월 3일 삼짇날의 절식으로 '두견화전(杜鵑花煎)'이라고도 한다.

『순오지』에 "작은 개울가에 돌 고여 솥뚜껑 걸고, 기름 두르고 쌀가루 얹어 참꽃[杜鵑花]을 지졌네. 젓가락 집어 맛을 보니 향기가 입에 가득, 한 해 봄빛이 배속에 전해지네."라고 화전에 대한 경험을 시로써 맛있게 표현하기도 했다.

삼월 삼짇날의 화전놀이 풍습은 조선시대 경상도 지리지 『교남지』에 "경주의 화절현은 신라의 궁녀들이 봄놀이를 하며 꽃을 꺾었다"는 유래의 기록을 볼 때 신라시대 때부터 시작된 것으로 추측된다.

『아름다운 세시음식』에 따르면 "조선시대 임금이 비원에 행차하시면 왕비가 궁녀들과 함께 몸소 진달래를 따다가 그 자리에서 꽃지짐을 하는 화전놀이 행사가 있었다"고 한다.

화전은 봄, 여름, 가을, 겨울에 따라 다양한 재료로 만들어졌는데 봄에는 배꽃으로 이화전(梨華傳)을, 여름엔 장미 잎으로 장미전을, 가을에는 국화로 국화전을, 겨울에는 동백꽃으로 동백화전을 만들기도 하였다.

수면(水麵)

원문 및 해석

造菉豆麵 或染紅色 澆蜜水 名曰 水麵

녹두로 국수를 만들고 이것을 붉게 물들인 다음 꿀물에 띄운 것을 수면이라고 한다.

재료 및 분량

녹두녹말(동부녹말) 200g

오미자물 : 말린 오미자 100g, 물(끓여 식힌 물) 1리터

꿀물 : 꿀 1/2컵, 물 2컵

만드는 방법

1. 가볍게 씻은 말린 오미자를 끓여 식힌 물에 하룻밤 담가두었다가 걸러 오미자물을 만든다.
2. 녹두녹말에 불린 오미자물을 넣고 묽게 반죽한다.
3. 바가지에 송곳으로 여러 군데 작은 구멍을 낸 다음 끓는 물 위에 바가지를 들고 녹말 반죽한 것을 붓는다. 구멍을 통해 녹말 반죽이 가는 국수가닥처럼 흘러나와 끓는 물로 들어가면 바로 건져내어 냉수에 냉각시킨 후 건져낸다.
4. 꿀물에 오미자국수를 넣는다.

알아두기

- 면을 끓는 물에 익힌 다음 바로 찬물에 냉각시켜야 쫄깃하다.
- 먹기 직전 꿀물에 오미자국수를 넣어야 붙지 않는다.
- 예전에는 녹두녹말을 사용하였으나 최근에는 구하기가 어려워 동부녹말을 사용한다.
- 녹두녹말에 진달래꽃을 넣고 반죽하여 국수를 만들어 사용하기도 한다.

STORY

수면과 화면은 삼월 삼짇날의 대표적인 시절 음료로 우리나라 고유의 음료인 '화채(花菜)'의 한 종류이다.

『농정회요』에는 "녹두가루를 물에 개어 구멍난 바가지 안에 쏟아 부으면 구멍으로 가느다란 모양이 만들어지면서 끓는 물에 떨어져 국수가 된다. 바로 꺼내어 찬물에 넣으면 그 가느다란 것이 마치 머리카락 같다. 민간에서는 '수면(水麵)'이라 부르기도 하고 또 '실국수(絲麵)'라 한다"고 기록되어 있으며 녹두국수를 만드는 조리법이 자세히 기록되어 있다.

『동국세시기』의 수면은 녹두국수에 진달래 또는 오미자 등으로 붉은색을 입히고 꿀물에 띄운 것인데 면에 붉은색이 도는 신기하고 아름다운 조리법이며 녹두로 만든 면은 면발이 매끈하여 목에 미끄러지듯 넘어가는 식감이 부드럽다.

수면(水麵)과 달리 화면(花麵)은 녹두면을 오미자국물에 띄운 것을 말하며 두 가지 음료 모두 다 색이 밝고 화사한 것이 특징이다.

탕평채(蕩平菜)

원문 및 해석

造菉豆泡 縷切 和猪肉芹苗海衣 用醋醬衝之 極凉春晩 可食 名曰 蕩平菜

녹두묵(綠豆抱)을 만들어 잘게 썰고 돼지고기, 미나리, 김 등을 넣고 초장을 쳐 양념하면 매우 시원하여 늦은 봄날 먹기가 좋은데, 이것을 탕평채라고 한다.

재료 및 분량

청포묵 1모(400g), 돼지고기 100g,
돼지고기양념 : 간장 1작은술, 참기름 1/2작은술, 설탕 1/2작은술
　　　　　　　　다진 파 1/2작은술, 다진 마늘 1/4작은술
미나리 50g, 소금 1/2작은술
김 1장
초장 : 청장 1큰술, 식초 2큰술, 설탕 2큰술

만드는 방법

1. 청포묵은 길이 6cm, 두께 0.5cm로 썬다.
2. 돼지고기는 가늘게 채를 쳐서 준비한 양념을 넣고 볶는다.
3. 냄비에 물을 넣고 끓으면 소금을 넣고 미나리를 데친 뒤 찬물에 헹구어 4~5cm 정도의 길이로 썬다.
4. 그릇에 볶은 돼지고기와 청포묵, 미나리, 김을 부수어 넣고, 초장을 넣고 섞는다.

알아 두기

- 미나리를 데칠 때 끓는 물에 소금을 넣고 살짝 데쳐야 색이 파랗고 질감이 좋다.
- 먹기 전에 바로 무쳐내야 물기가 생기지 않고 볼품이 있다.
- 상에 내기 전에 김을 바삭하게 구워서 부셔 넣어야 김의 향기가 더 난다.
- 달걀 흰자, 노른자의 지단을 부쳐서 채썰어 올린다.

STORY

『**명물기략**』에 탕평채는 "사색인의 탕평(蕩平)을 바라는 마음에서 갖은 재료를 고루 섞은 묵나물에 '탕평채'란 이름을 붙였다"고 나와 있다.

탕평이란 중국 고대 기록인 홍범조의 『**서경**』에 "왕도탕탕 왕도평평(王道蕩蕩 王道平平)"에서 왕이 자신과 가깝다고 쓰고 멀다고 쓰지 않으면 안 된다는 인재등용의 원칙에서 비롯되었다.

『**동국세시기**』에 따르면 조선시대 영조는 당파싸움의 해결책으로 탕평책을 실시하였으며 이 정책을 논하는 자리에 청포에 채소를 넣고 무친 음식인 '탕평채'를 내었다.

탕평채의 오색은 음양오행의 원리에 의해 녹두묵의 흰색은 서인, 붉은색의 고기는 남인, 푸른색의 미나리는 동인, 검은색 김은 북인을 상징한다. 이러한 부재료들이 부드러운 묵과 함께 섞여 채소가 조화롭게 어우러지듯 조정의 대신들도 당파를 떠나 서로 조화를 이루기를 바라는 영조의 깊은 마음이 담긴 음식이다.

수란(水卵)

入鷄子於滾湯 半熟 和醋醬名曰水卵

달걀을 깨서 끓는 물에 넣어 반쯤 익힌 뒤 초장을 친 것을 수란이라 한다.

재료 및
분량

달걀(신선란) 1개, 물 2컵, 소금 1/2작은술, 참기름 1/2작은술
초장 : 간장 1큰술, 식초 1큰술

만드는
방법

1. 냄비에 물을 붓고 식초와 소금을 넣어 끓인다.

2. 달걀은 작은 그릇에 깨뜨려 놓고, 물기를 닦은 뒤 참기름 바른 수란기를 끓는 물의 표면에서 데워 깨뜨려 놓은 달걀을 조심스럽게 담는다.

3. 끓는 물을 숟가락으로 노른자위에 조심스럽게 끼얹어 수란기 안의 흰자위가 하얗게 노른자를 덮으면 불을 줄이고 노른자가 터지지 않게 물속에 천천히 담가 반숙이 되게 익힌다.

4. 익은 수란을 그릇에 담고 초장과 함께 낸다.

알아
두기

• 냄비의 물을 넣고 소금을 넣어 끓이면 수란의 응고를 촉진시킨다.

• 수란기의 안쪽에 참기름을 바르고 끓는 물의 표면에서 데워야 나중에 노른자가 터지지 않게 잘 떼어낼 수 있다.

• 수란을 만들 때는 달걀을 깨뜨려 넣고 불을 낮추어 익혀야 표면이 매끈하고 부드럽다.

STORY

수란을 만드는 '수란기'는 '수란뜨개'라고도 하는데 지금 사용하는 국자 3개를 묶어 만든 형태로 궁중과 사대부 집에서 수란을 만들기 위하여 사용한 용기이다.

『조선요리제법』에 "수란 뜨는 국자는 크고 1개에 여러 구멍이 되어있어 이름을 '수란자'라 한다"고 적혀 있는데 수란을 만드는 조리도구가 따로 있음을 알 수 있다.

예전에는 달걀이 귀해서 반숙으로 만든 '수란'이 매우 귀한 음식이었으며 임금님의 수라상에도 꼭 올랐다. 서민들도 닭장에서 닭이 금방 낳은 알을 젓가락으로 위아래를 뚫어 그 자리에서 마시기도 하였다.

『산림경제』에 "건란과 수란은 흰자위만 응고시켜야지 노른자를 너무 익히면 맛이 좋지 않을뿐더러 먹으면 체하게 한다"라고 조리법이 나온다.

그 옛날에도 달걀은 흰자위를 익히고 노른자위는 날것으로 먹는 반숙이 소화를 돕기 위한 조리라는 과학적 지식을 깨닫고 있음을 알 수 있다. 노른자를 익히는 정도에 따라 생란(生卵), 숙란(熟卵), 반숙란(半熟卵), 팽란(烹卵)으로 나눈다.

조깃국 (石首魚湯)

원문 및 해석

以黃苧蛤 石首魚 作湯 食之

황저합(노랗고 작은 조개)과 석수어(조기)로 국을 끓여 먹었다.

재료 및 분량

모시조개 300g, 물 4컵, 소금 1/2큰술
조기 3마리
물 5컵, 파 10g, 다진 마늘 1/2큰술, 청장 1/2큰술, 소금 1작은술

만드는 방법

1. 모시조개를 슴슴한 소금물에 해감한다.

2. 조기는 비늘과 내장을 손질하고, 길이 5cm 정도로 자른다.

3. 냄비에 물을 넣고 끓어오르면 조기를 넣고 10분 정도 끓이다가 모시조개를 넣고 5분 정도 더 끓인다.

4. 끓인 조깃국에 파와 다진 마늘, 청장, 소금으로 간을 맞추고 한소끔 끓인다.

알아두기

- 모시조개를 해감시키려면 옅은 소금물에 조개를 넣고 검정 비닐을 1시간 정도 덮어두면 해감이 잘 된다.
- 생선에 소금을 뿌려두면 살이 단단해져 잘 부서지지 않으므로, 조기에 소금을 뿌려두었다가 사용하기도 한다.
- 조기 국물이 우러나와 시원하고 담백하다.

STORY

조기는 음력 3월 봄이 제철이며 겨울 동안 허해진 사람의 원기를 돕는다는 뜻에서 '조기(助氣)'라는 이름이 붙여졌다. 옛날에 특별한 상에만 올랐던 귀한 생선으로 국 이외에도 찜, 조림, 구이 등 다양한 요리가 가능하며 원기 회복을 도왔다.

『산림경제(山林經濟)』에 "고기 머리에 바둑알만 한 돌이 있는데 그것을 갈아서 먹으면 임질(淋疾)을 치료할 수 있다"고 하여 조기를 석수어(石首魚)라고 부르는 이유를 알려주고 있다.

『식료찬요(食料簒要)』에 "소화기능을 좋게 해주고 기운을 북돋아주려면 조기와 순채로 국을 만들어 먹는데 말려서 굴비로 먹으면 숙식(宿食)을 소화시킨다"고 하여 조기가 우리 몸에 좋은 식재료임을 말해주고 있다.

『동의보감(東醫寶鑑)』에도 "오이의 독을 치료하려면 석수어(石首魚)를 구워 먹거나, 달여 즙을 먹으면 자연히 없어진다." 하였는데 여기서 말하는 석수어가 바로 조기를 뜻한다.

복어탕(河豚羹)

원문 및 해석

桃花未落 以河豚和靑芹油醬爲羹 味甚珍米 産於露湖 者最先入市

복사꽃이 떨어지기 전에 하돈(河豚, 복어)에 파란 미나리와 기름과 간장을 넣어 국을 끓이면 맛이 매우 좋은데 노호(露湖)에서 나오는 것이 먼저 시장에 들어온다.

재료 및 분량

복어 1마리, 미나리 100g
물 5컵, 참기름 1큰술, 청장 1큰술, 소금 1/2작은술

만드는 방법

1. 복어는 표면을 깨끗이 씻은 다음 내장과 껍질, 살, 뼈, 대가리를 분리하여, 피가 없도록 깨끗이 씻어 물기를 뺀다.

2. 미나리는 깨끗이 씻어 4cm 정도로 자른다.

3. 냄비에 물과 손질한 복어를 넣고 15~20분 정도 끓인다.

4. 복어가 익으면 미나리를 넣고 참기름과 청장, 소금을 넣어 간을 하고, 한소끔 더 끓인다.

알아 두기

• 복어는 피, 알, 내장, 눈 등 거의 모든 부위에 독이 퍼져 있어 식용으로 할 때는 모두 제거하고 손질에 특별히 주의해야 한다.
• 특히 등뼈 속에 있는 핏줄기에는 독소가 많으므로 깨끗하게 긁어내고 피가 없이 씻는다.
• 복사꽃이 필 무렵이 제일 맛있다고 전해온다.

STORY

복어탕의 복어는 "하돈"이라 하며 『동국세시기』에 나와 있다. 한자를 풀이하면 河(강물 하)에, 豚(새끼돼지 돈)으로 '강에서 사는 새끼돼지'라고 해석할 수 있는데 복어가 수면에서 위협받을 때 몸을 부풀리는 현상을 보고 지은 이름이다.
『본초강목』에 "복어는 하해(河海)에 있다. 춘월에 진상한다. … 간과 알에 대독(大毒)이 있다"고 하여 봄이 제일 맛있으며 독성 또한 강하다.
『도문대작』에서는 "하돈은 한강 일대의 것이 가장 좋으나, 독이 있어 사람이 먹으면 죽는 일이 많다"고 하여 복어의 독성에 대한 위험성을 강조하였다.
『동의보감』에 복어는 "성온 미감하다. 허를 보하고 습을 없애며 요각을 조리하고 치충을 죽인다. 미나리와 같이 달여 먹으면 독이 없다." 하여 약선(藥線)으로서도 애용된 것으로 보인다.
복어의 독을 모두 제거한 후 미나리를 듬뿍 넣어 끓인 복어탕은 복숭아 필 무렵에 제맛을 낸다.

마절편(薯蕷片)

원문 및 해석

採薯蕷 蒸食 或和蜜作片 食之

서여를 캐다가 쪄서 먹기도 하고 혹은 꿀을 발라 썰어 먹기도 한다.

재료 및 분량

마 300g, 꿀 1/3컵

고명 : 대추 2개

만드는 방법

1. 마를 깨끗이 씻어 껍질을 벗긴다.

2. 껍질 벗긴 마를 김 오른 찜기에 넣고 크기에 따라 5~10분 정도 찐다.

3. 찐 마를 1.5cm 정도의 두께로 썬다.

4. 쪄서 손질한 마에 꿀을 바른 다음 대추꽃을 올린다.

알아 두기

- 요리할 때는 길이가 긴 장마를 사용한다.
- 마는 껍질을 벗길 때 미끄러우므로 젖은 행주로 감싸서 잡고 벗긴다.
- 너무 오래 익히면 부서지므로 살짝 익혀서 아삭하게 만든다.
- 생마를 갈아서 달걀 노른자를 올려서 먹기도 한다.

STORY

『**규합총서**』에 '서여향병(薯蕷香餅)'이 처음 등장하는데 "생마를 익도록 쪄 썰어서 꿀에 담가 잣을 가늘게 썰어 묻힌다. 찹쌀가루를 묻혀 지져도 좋다"고 나와 있다. 마의 한자명이 서여(薯蕷)이다.
『**삼국유사**』에 '마'가 언급된 설화가 있는데 백제 무왕과 선화공주의 이야기이다.
백제 무왕의 어릴 적 이름은 서동이며 어머니와 함께 마를 캐며 살았다.
서동이 캔 마가 특별히 맛있어서 아이들은 서동이 시키는 대로 노래를 하였고 이에 진평왕의 딸인 선화공주와 사랑으로 이어졌다는 이야기가 있는데 이 기록으로 보아 우리나라에서 마를 식용한 역사가 오래된 것으로 보인다.
『**동의보감**』에 산약(마)은 "성온, 미감, 무독하며, 허로를 보하고 오장을 채우고 기력을 더한다. 근골을 강하게 하고 신을 편히 하며 지혜를 기른다." 하였기 때문에 마는 몸을 보하는 음식으로 약용하였다는 것을 알 수 있다. 그래서 마를 "산속의 장어다"라는 말이 전해 내려오는 듯하다.

감홍로(甘紅露)

3
월

52
—
53

원문 및 해석

關西甘紅露 碧香酒 海西 梨薑膏 湖南 竹瀝膏 桂當酒 湖西 稱魯山春 皆佳品 亦有餉到者

평안도에서 쳐주는 술로는 감홍로와 벽향주가 있고 황해도에서는 이강고, 전라도에서는 죽력고와 계당주, 충청도에서는 노산춘을 가장 좋은 술로 여기며 이것은 선물용으로 좋다.

재료 및 분량

밑술 : 쌀 2kg, 물 12L, 누룩 1kg
덧술 : 쌀 8kg
소주 증류할 때 : 지초 500g, 벌꿀 2큰술

만드는 방법

1. 쌀을 깨끗이 씻어 5~6시간 정도 물에 불린 후, 1시간 정도 물기를 빼고 가루로 빻는다.
2. 냄비에 물과 쌀가루를 넣고 죽을 쑤어 식힌 후, 누룩을 넣어 혼합한 다음 항아리에 넣고 23~25℃에서 3일간 발효하여 밑술을 만든다.
3. 쌀을 깨끗이 씻어 5~6시간 정도 물에 불린 후, 1시간 정도 물기를 빼서, 김 오른 찜기에 안쳐 1시간 정도 쪄서 펼쳐서 식힌다.
4. 식힌 고두밥(지에밥)에 밑술을 넣고 혼합한 뒤 덧술을 빚어 항아리에 넣고 23~25℃에서 5~6일 정도 발효시킨 다음 채주한다.
5. 솥 위에 소줏고리를 얹어 증류하는데, 술을 받는 병 안쪽에 꿀을 바르고, 한지 위에 지초를 올려서 증류주가 지초를 통과하도록 하여 붉은색의 감홍로를 만든다.

알아두기

• 소주를 두세 번 내리면 더욱 맛이 좋다.
• 고두밥은 찐 밥을 말하며, 지에밥이라고도 한다.
• 증류에 사용하는 술은 발효가 끝난 후 채주하여 증류한다.

STORY

감홍로는 관서지역의 평양을 중심으로 알려진 술로서 이름대로 달고 붉은 빛깔의 술이다.
『경도잡지』에서는 감홍로를 조선의 명주로 꼽고 있으며 『임원경제지』와 『고사십이집』, 『조선세시기』 등에 많이 기록되어 있다. '관서 감홍로' 또는 '평양 감홍로'로 부르고 왕이 신하에게 베푸는 술(선온, 宣醞)로도 유명했다.
감홍로는 지역의 벌꿀을 항아리에 발라서 술맛이 매우 달고 독하며 지초로 낸 붉은색이 아름다워 평양 지역의 명주(銘酒)로 자리 잡게 되었다.
도수가 높은 술이기에 소주독(燒酒毒)에 대한 불안감이 커지면서 술을 만들 때 벌꿀을 넣기 시작하게 되었는데 벌꿀을 넣은 술이 달고 마시기 편하여 주독의 불안감을 해소하는 방법으로 사용하였다.
판소리 『별주부전』에 토끼가 자라를 용궁으로 유혹할 때 "용궁에 가면 감홍로를 먹을 수 있다"는 대목이 있는데 이러한 기록으로 보아 감홍로가 명주였음을 알 수 있다.

계당주(桂糖酒)

원문 및 해석

關西甘紅露, 碧香酒, 海西 梨薑膏 湖南 竹瀝膏, 桂當酒, 湖西 魯山春, 皆佳品 亦有餉到者

평안도 지방에서 쳐주는 술로는 감홍로와 벽향주가 있고 황해도지방에서는 이강고, 호남지방에서는 죽력고와 계당주, 충청도 지방에서는 노산춘, 모두 가장 좋은 술로 여기며 이것은 선물용으로 좋다.

재료 및 분량

밑술 : 쌀 3kg, 물 18L, 누룩 2.7kg
덧술 : 쌀 12kg
침출 : 꿀 3큰술, 계피 10g

만드는 방법

1. 쌀을 깨끗이 씻어 5~6시간 정도 물에 불린 후 1시간 정도 물기를 빼고 가루를 낸다.
2. 냄비에 물과 쌀가루를 넣고 죽을 쑤어 식힌 후, 누룩을 넣어 혼합한 다음 항아리에 넣어 23~25℃에서 3일 정도 발효시켜 밑술을 만든다.
3. 쌀을 깨끗이 씻어 5~6시간 정도 물에 불린 후 1시간 정도 물기를 빼고 김 오른 찜기에 올려 1시간 정도 찐 후 펼쳐서 식힌다.
4. 식힌 고두밥에 밑술을 넣고 혼합하여 덧술을 빚어 항아리에 넣고 23~25℃에서 5~6일 정도 발효시킨 다음 채주한다.
5. 맑은 술이 고이면 솥 위에 소줏고리를 얹어 증류한 뒤 항아리에 붓고, 꿀과 계피를 넣고 봉하여 1년 정도 오래 숙성시킨다.

알아 두기

- 쌀을 충분히 불리지 않으면 수분 흡수가 부족해서 잘 익지 않고, 너무 오래 불리면 칼륨이나 칼슘 등의 무기질 성분이 물에 녹아 없어질 수 있다.
- 소주를 세 번 내리면 맛이 아주 좋다.

STORY

『고사십이집(攷事十二集)』에 '관서계당주'는 "화주(소주)보다 세 배로 오래 고아 만들며 항아리 속 바닥에 꿀을 바르고 계피나 사탕가루를 항아리 입구에 두면 맛이 특이하고 절묘하다"고 나와 있다. 『온주법』에 "계핏가루와 사탕가루(사탕가루)를 넣으면 주독을 다스리고 노인과 사람에게 유익하고 맛이 매우 좋다"고 하였다.
『동국세시기』의 계당주(桂糖酒)는 한자어를 볼 때 桂(계피 계), 糖(사탕 당)자 해석하면 계피와 사탕을 넣은 술이다. 호남지방에도 계당주(桂當酒)가 있는데 음은 같으나 한자어를 풀이하면 계피와 당귀를 넣어 만든 술로 재료에 큰 차이를 보인다.
홍대용의 문집 『담헌서(湛軒書)-건정동필담』에 기잠이 "해동은 옛 술로 무슨 술이 있나요? 역시 홍모소주와 같은 것입니까?" 하니, 내가 "동방에는 쌀이 많이 나오므로 술도 또한 뛰어나지요. 홍로 등 여러 종류가 다 명칭이 있는데, 계당주가 매우 독해서 즐겨 마시면 사람을 상하는 일이 많습니다"라고 하여 계당주의 맛에 대한 내용이 있다.

노산춘 (魯山春)

關西甘紅露, 碧香酒, 海西 梨薑膏 湖南 竹瀝膏, 桂當酒, 湖西 魯山春, 皆佳品 亦有餉到者

평안도 지방에서 쳐주는 술로는 감홍로와 벽향주가 있고 황해도지방에서는 이강고, 호남지방에서는 죽력고와 계당주, 충청도 지방에서는 노산춘, 모두 가장 좋은 술로 여기며 이것은 선물용으로 좋다.

**재료 및
분량**

밑술 : 멥쌀 4kg, 찹쌀 4kg, 물 10L, 누룩 1kg
덧술 : 멥쌀 8kg, 찹쌀 8kg, 물 16L, 누룩가루 2kg

**만드는
방법**

1. 멥쌀을 깨끗이 씻어 5시간 정도 물에 불렸다가 1시간 정도 물기를 빼고. 김 오른 찜기에 올려 1시간 정도 쪄서 고두밥을 만들어 펼쳐서 식힌다.

2. 찹쌀은 깨끗이 씻어 5시간 정도 물에 불렸다가 1시간 정도 물기를 빼고, 가루 내어 끓는 물을 넣어 죽을 쑤어놓고, 미리 식혀놓은 고두밥과 찹쌀죽. 누룩가루를 넣고 버무려서 항아리에 담고 23~25℃에서 3일 동안 봉하여 밑술을 만든다.

3. 3일 뒤에 씻어 불린 멥쌀을 찌고, 씻어 불린 찹쌀을 가루 내어 끓는 물로 죽을 쑤어 식힌다.

4. 미리 쪄놓은 고두밥에 밑술. 누룩가루, 찹쌀죽을 넣고 덧술을 빚어 항아리에 넣고 봉하여 맑은 술이 고이거든 쓴다.

**알아
두기**

• 고두밥과 죽은 반드시 식힌 다음 누룩을 넣고 혼합하여 술을 빚는다.
• 누룩이 좋아야 좋은 술이 되는데 좋은 누룩은 겉이 깨끗하고 조곡일 때 밝은 회백색을 띠며 균사가 고루 퍼져 있고 잡내가 없이 구수한 것이다.
• 누룩은 사용하기 전에 콩알이나 도토리 크기로 부숴 법제하여 쓴다.

STORY

노산춘은 밑술과 덧술을 할 때 멥쌀은 시루에 찌고 찹쌀은 죽을 쑤어 만든 이양주법으로 "맛과 빗치 상흐니라"라고 하여 "술의 맛과 색깔이 특이하다"고 **『규곤요람』**에 기록되어 있다.
노산춘(魯山春)의 '춘(春)'자가 붙은 것은 봄처럼 부드럽고 맛이 아름다운 술에 붙이는 고급 청주로서 가장 훌륭한 명주(名酒)로 인정받는 술이다.
춘주에 대한 내용은 **『양주방』**을 비롯한 **『임원십육지』**, **『음식방문』** 등 고조리서에 다양하게 나와 있는데 '노산춘', '호산춘', '한산춘', '동정춘', '악산춘', '산사춘' 등이 그 예라 할 수 있다.
『동국세시기』에 나오는 '노산춘'은 충청도의 '노산' 지명에서 유래한 것으로 노산 지역에 특별히 맛있는 술을 말하며, 호산춘도 전라도의 '호산' 지명에서 유래했다.

이강고(梨薑膏)

원문 및 해석

關西 甘紅露, 碧香酒, 海西 梨薑膏 湖南 竹瀝膏, 桂當酒, 湖西 魯山春, 皆佳品 亦有餉到者

평안도 지방에서 쳐주는 술로는 감홍로와 벽향주가 있고 황해도지방에서는 이강고, 호남지방에서는 죽력고와 계당주, 충청도 지방에서는 노산춘, 모두 가장 좋은 술로 여기며 이것은 선물용으로 좋다.

재료 및 분량

밑술 : 쌀 5.3kg, 누룩 2kg, 물 8L
덧술 : 보리 10.5kg, 누룩 1.5kg, 물 16L
   배 1.9kg(5개), 생강 20g, 통계피 4g, 울금 8g, 꿀

만드는 방법

1. 쌀은 깨끗이 씻어 물에 5~6시간 정도 불렸다가 1시간 정도 물기를 빼고 김 오른 찜기에 올려 1시간 정도 찐다.

2. 쪄서 식힌 고두밥에 누룩과 물을 섞어 깨끗한 항아리에 넣어 밑술을 만든다.

3. 보리를 씻어 12시간 정도 불려 1시간 정도 물기를 빼고 김 오른 찜기에 올려 1시간 정도 찐 후 식혀 누룩과 물, 밑술과 합하여 덧술을 담그고 채주한다.

4. 솥 위에 소줏고리를 얹어 증류한 뒤 항아리에 붓고, 배, 생강, 통계피, 울금, 꿀을 넣고 밀봉하여 1년 정도 둔다.

알아 두기

• 주도가 높아 오래 두어도 안전하며 오래갈수록 맛과 향이 좋아진다.
• 이강고의 생강은 술맛을 좋게 하면서도 위에 자극을 주지 않게 해주는 건위작용과 향취를 좋게 하는 역할을 한다.

STORY

이강고는 조선 중엽부터 빚어진 술로 38도 이상의 도수가 높은 전통 약소주로 독특한 맛과 향 그리고 뒤에 따라오는 부드러움을 느낄 수 있는 것이 특징이다.

배와 생강의 한문 첫자를 따서 이름을 만들었는데 특별한 제법으로 주도 높은 소주를 주(酒)자 대신 고(膏)자를 붙여 이강고(梨薑膏)가 되었다.

『증보산림경제』에 의하면 "배와 생강은 갈아 즙을 내어 고운 헝겊으로 받쳐 찌꺼기를 버리고 이 두 가지를 꿀과 잘 섞어서 중탕하여 쓴다"고 하였다. 이강고는 주방문이 복잡하고 곡식이 많이 들어 조선시대 상류층에서 즐겨 마신 술이다.

『조선상식문답』에서는 "우리나라 3대 명주 중 하나"로 기록되어 있으며 구한말 고종 때 『조미통상사』에도 이강고가 대표 술로 동참되었다는 기록이 있다.

『조선주조사(朝鮮酒造史)』에서는 "울금에서 우러나오는 황색과 계피·배·생강에서 나오는 방향에 의하여 특이한 술이 얻어진다"고 이강고의 맛에 대한 기록이 있다.

죽력고(竹瀝膏)

<table>
<tr><td>원문 및
해석</td><td>關西 甘紅露, 碧香酒, 海西 梨薑膏, 湖南 竹瀝膏, 桂當酒, 湖西 魯山春,
皆佳品 亦有餉到者

평안도 지방에서 쳐주는 술로는 감홍로와 벽향주가 있고 황해도지방에서는 이강고, 호남지방
에서는 죽력고와 계당주, 충청도 지방에서는 노산춘, 모두 가장 좋은 술로 여기며 이것은
선물용으로 좋다.</td></tr>
</table>

<table>
<tr><td>재료 및
분량</td><td>**밑술 :** 멥쌀 3kg, 물 12L, 누룩 1.2kg
덧술 : 멥쌀 9kg
증류 : 죽력 1컵</td></tr>
</table>

만드는 방법

1. 멥쌀을 깨끗이 씻어 5~6시간 정도 물에 불린 다음 건져서 1시간 정도 물기를 빼고 가루를 낸다.
2. 냄비에 쌀가루와 물을 넣고 죽을 쑤어 식힌 다음 누룩을 넣고 밑술을 빚어 3~4일간 발효시킨다.
3. 멥쌀을 깨끗이 씻어 5~6시간 정도 물에 불린 다음 건져서 1시간 정도 물기를 빼고 김 오른 찜기에 안쳐 고두밥을 지어 차게 식힌 다음, 밑술과 혼합하여 덧술을 만들고, 약 20일간 발효한다.
4. 맑은 술이 뜨면, 솥 위에 죽력을 뿌린 소줏고리를 얹어 증류하여 죽력고를 만든다.

알아 두기

- 죽력(竹瀝)은, 푸른 대나무(靑竹)의 잎이나 줄기를 숯불이나 장작불에 쪼여 흘러나오는 수액 같은 기름(膏)을 가리킨다. 이 죽력은 죽즙, 담죽력으로도 불리고 있다.
- '고(膏)'는 최고급 약소주에만 붙일 수 있는 술의 제일 높은 존칭으로 그 명성이 뛰어나다.
- 소줏고리로 증류할 때 불의 세기에 따라 맛과 소주의 질이 달라지며, 생산되는 양도 차이가 날 수 있다.

STORY

죽력고는 대나무로 유명한 전라도 지역의 약소주의 일종으로, 푸른 대나무를 구워서 나온 진액인 죽력(竹瀝)으로 만든 전통술로서 대나무의 상쾌한 향과 부드러운 맛이 특징이며 꿀과 생강에서 나는 부드러운 향이 코와 입맛을 자극한다.

『조선상식문답』에 "죽력고, 이강고, 감홍로는 조선의 3대 증류주이다"라고 소개하고 있으며 죽력은 푸른 대나무를 쪼개어 항아리에 넣고 열을 가해 떨어지는 대나무 수액을 말하며 그 양이 아주 적다.

『증보산림경제』에 "죽력과 좋은 꿀 및 노주를 가져다가 적당량을 섞어 병에 넣은 다음 솥에 중탕하여 꺼내어 쓴다. 혹은 생강즙 조금을 첨가하여도 무방하다"라고 하였다.

산병(饊餅)

원문 및 해석

賣餅家 造粳米 白小餅如鈴形 入豆餡捻 頭粘五色 於鈴上連五枚 如聯珠
或造靑白半圓餅 小者 連五枚 大者 連二三枚 摠名曰 饊餅

떡집에서는 멥쌀가루를 반죽하여 방울 모양의 희고 작은 떡 조각을 만들어 그 속에 콩으로
소를 넣고 머리 쪽을 오므린 다음 오색 물감을 들여 다섯 개를 구슬을 꿴 것처럼 붙여놓는다.
혹은 청백색으로 반원형의 떡을 만들어서 작은 것은 다섯 개를, 큰 것은 두세 개를 이어 붙인다.
이것들을 총칭하여 산병(饊餅)이라고 한다.

재료 및 분량

멥쌀가루 5컵, 소금 1/2큰술
천연색소 : 치자가루 1작은술, 송기 30g, 쑥 데친 것 30g, 흑미가루 1작은술
물 2/3컵
참기름 2큰술
소 : 삶은 검은콩 100g

만드는 방법

1. 멥쌀가루에 소금을 넣고 체에 내려 각각의 천연색소를 넣고 색을 들이고 수분을 준다.

2. 김 오른 찜기에 젖은 면포를 깔고 멥쌀가루를 얹어 15분 정도 쪄서 참기름을 바른 안반에 쏟아 충분히 치댄다.

3. 치댄 떡 반죽을 밀대로 0.5cm 정도의 두께로 밀어 삶은 콩소를 넣고 바람떡틀로 찍어 양끝을 오므려 붙인다. 속에 들어가는 떡과 가운데 들어가는 떡, 맨 바깥에 오는 떡은 크기를 조절한다.

4. 반원형(반달)의 떡을 만들어 작은 것은 5개를, 큰 것은 2~3개를 조화롭게 붙인다.

알아두기

• 떡에 색을 낼 때 색을 내는 쌀가루에 천연색소를 넣고 잘 비벼 색을 들인다.
• 천연색소의 양은 원하는 색깔에 따라 조절한다.
• 치자열매를 물에 우려 노란색으로 사용하는데 최근에는 치자가루를 사용하기도 한다.

STORY

산병은 '수란떡'이라는 이름으로 『음식법』에 처음 기록되어 있고 『조선무쌍신식요리제법』에서는 '산병', '꼽장떡'으로 기록되어 있다.
『시의전서』에 "흰떡에 각색 물감을 들여 개피떡 모양으로 아주 작게 만들어 세 개씩 또는 다섯 개씩 붙여 만든다." 했는데 이는 동국세시기에서 언급한 산병을 만드는 방법과 모양이 같아 보인다.
『조선무쌍신식요리제법』에서는 "성균관에서 많이 만들었다"고 기록되어 있는데 산병은 본래 조선시대 성균관에서 3가지 색으로 만든 작은 개피떡을 한데 붙여 웃기로 사용했던 것으로 보인다.
현재 전해 오는 여주산병은 흰떡을 밀어서 팥소를 넣고 덮어 크기에 각각 차이를 두어 개피떡처럼 찍어낸 다음, 큰 떡 안에 작은 떡을 붙인 후 양끝을 다시 붙인 떡이다.
손이 많이 가지만 모양이 특이하고 아름다워 잔칫날 편떡 위에 장식으로 올리는 화려한 떡이다.

오색환병(五色圓餅)

원문 및 해석

造五色圓餅 松皮 靑蒿 圓餅 名曰 環餅 大者 稱 馬蹄餅

오색의 둥근 떡을 만들기도 하고, 소나무 속껍질과 쑥을 섞어 둥근 떡을 만들기도 한다. 이것 들을 환병(環餅, 고리떡)이라 하고 이 중에서 큰 것을 마제병(馬蹄餅, 말굽떡)이라 한다.

재료 및 분량

쌀가루 5컵, 소금 1/2큰술, 물 150g(2/3컵)
천연색소 : 치자가루 1작은술, 송피(송기) 30g, 쑥(데친 것) 30g, 흑미가루 1작은술

만드는 방법

1. 쌀가루는 소금을 넣고 물을 넣어 잘 비벼서 김 오른 찜기에 15분 정도 찐 다음 많이 치댄다.

2. 찐 떡을 1등분은 흰색으로 두고, 나머지는 4등분하여 각각 치자가루, 송피(송기), 쑥, 흑미가루를 넣고 주물러 4가지 색을 들여서 직경 1cm 정도로 굵은 국수가닥처럼 길게 늘여놓는다.

3. 흰떡은 밀대로 1cm 두께로 길게 밀어놓고 그 위에 준비한 4가지 색의 떡을 가지런히 올려서 직경 4cm 정도의 크기로 돌돌 만다.

4. 돌돌 만 떡을 1.5~2cm 폭으로 두툼하고 둥글게 썬다.

알아 두기

- 흰색과 송피, 쑥, 치자, 흑미를 넣어 5색을 만들었다.
- 색을 내는 색소의 양은 원하는 정도에 따라 조절할 수 있다.
- 썰어 놓은 모양이 마치 말발굽처럼 보인다.

STORY

삼월 삼진날 봄철 시식으로 제철의 식재료를 두루 사용한 것이 특징이며 3월 쑥은 여리고 향긋하여 그 맛과 향이 뛰어나다.

『동국세시기』에 "'오색환병'은 '고리떡'이라고도 하며 큰 것은 마제병(馬蹄餅)이라고 한다"고 나와 있다. 떡에 오색을 나타내기 위하여 백미(白), 송기(紅), 쑥(綠), 치자(黃), 흑미(黑)를 사용하였으며 오색을 색색이 합하여 동그랗게 말아놓은 모습이 마치 봄날의 꽃과 같이 아름답다.

『농정회요』에 따르면 "송기는 또한 봄철 소나무에 물이 오르는 시기에 소나무 속껍질을 벗기고 삶기를 반복하며 물에 담가 우려낸 다음 절구에 찧어 사용한다"고 하였다.

식량이 귀한 시절 송기는 구황식품으로도 자주 사용하였을 만큼 흔한 식재료였다.

요즘에는 송기를 구하기 어려우나 송기를 넣은 떡은 소나무의 향이 은은하게 배어 있으며 쫄깃하고 잘 상하지 않는다.

대추시루떡(棗甑餅)

원문 및
해석

以糯米和棗肉 造甑餅 皆春節 時食也

찹쌀에 대추의 살을 섞어 증병(시루떡)을 만들었는데 봄철의 시절음식이다.

재료 및
분량

찹쌀가루 800g, 소금 1큰술
물 1/2컵
설탕 1/2컵(70g)
대추 20개

만드는
방법

1. 찹쌀가루에 소금을 넣고 체에 내린다.

2. 대추는 돌려깎아 씨를 빼고 4~6등분으로 자른다.

3. 체에 내린 찹쌀가루에 물을 넣고 수분을 준 다음 설탕과 잘라놓은 대추를 넣고 잘 섞는다.

4. 김 오른 찜기에 젖은 면포를 깔고 설탕을 살짝 뿌린 뒤 쌀가루를 안친 후 김이 오르면 20분 정도 찐다.

알아
두기

• 찹쌀은 충분히 불린 후 가루를 내어 오랜 시간 쪄줘야 맛있다.

• 멥쌀가루에 술을 넣고 부풀리는 증편과는 달리 대추시루떡은 찹쌀가루를 넣어 찰져서 가라 앉는다.

• 찰떡이라 먹고 남은 떡이 굳어서 단단해지면 구워먹어도 좋다.

STORY

"한식(寒食)에는 가루를 가지고 찐 떡을 만드는데 여기에 대추를 넣은 것이 '대추떡'이다"라고 『**지봉유설**』에 나와 있다.

여희철의 『**세시잡기(歲時雜記)**』에는 "두차례 사일(社日)에 떡 먹기를 좋아하며 떡에 대추를 꼭 넣는다"라고 기록 되어 있다.

중국 『**사서**』의 기록에 의하면 지금으로부터 3천 년 전 찹쌀가루 속에 팥을 넣어 증고를 만들었으며 당나라 때 와 서 팥 대신 대추를 넣었다고 한다.

『**동국세시기**』에는 '대추시집보내기'라는 풍속으로 "단옷날 정오에 대추나무를 시집보내는 풍속이 있는데 이렇 게 하면 대추 농사가 풍작이 된다"고 설명하였다.

다산과 풍요의 의미로 쓰이는 대추는 잔칫상과 제사상에 과실을 그대로 놓거나 대추초, 조란 등의 한과류로 만들어 사용하며, 음식과 떡의 고명으로도 많이 쓰인다.

대추가 심신을 안정시키는 식품이라 예전부터 많이 사용되어 왔다.

東國歲時記

1800년대 음식으로 들여다보는
선조들의 세시풍속

동국세시기

 4월
- 석남시루떡(石楠葉甑餅) • 미나리강회 • 대추떡(棗餻)
- 증병(蒸餅) • 어채(魚菜) • 어만두(魚饅頭)

 5월
- 수리취떡(戌衣翠糕) • 옥추단(玉樞丹)
- 제호탕(醍醐湯) • 간장(醬油)

 6월
- 분단(粉團) • 상화병(霜花餅) • 수단(水團)과 건단(乾團)
- 각서(角黍) • 연병(連餅) • 개장국 - 구장(狗醬)
- 백마자탕(白麻子湯) • 미역닭국수 • 유두국(流頭麪)
- 호박떡볶이 • 호박밀전병

석남시루떡(石楠葉甑餠)

● 원문 및
해석

兒童各於燈竿下設 石楠葉甑餠 蒸黑 豆烹芹菜 云是佛辰茹素廷客而樂

아이들은 각각 등 밑에 석남 잎을 넣은 시루떡과 삶은 콩, 삶은 미나리를 차려 놓는다.
이는 석가탄신일을 맞아 간소하게 손님을 맞이해 즐긴다는 뜻이다.

● 재료 및
분량

멥쌀가루 9컵, 소금 1큰술, 설탕 1/2컵
어린 느티 잎 150g
팥고물 : 거피팥 1컵, 소금 1/2큰술
시루번 : 밀가루 1/2컵, 물 3큰술

● 만드는
방법

1. 멥쌀가루에 소금을 넣고 체에 내린 후 물을 넣고 고루 비벼 체에 내린다. 분량의 설탕을 넣고
   가볍게 섞는다.

2. 거피팥은 씻어 7시간 정도 물에 불려 김 오른 찜기에 젖은 면포를 깔고 얹어 1시간 정도
   푹 쪄서 까불려 뜨거운 김이 나가면 소금을 넣고 빻아 고물을 만든다.

3. 연하고 어린 느티 잎을 물에 깨끗이 씻어 건져 물기를 뺀 후 쌀가루에 넣고 훌훌 섞는다.

4. 시루에 시루밑을 깔고 거피팥고물을 뿌리고 느티 잎을 넣은 쌀가루를 넣고 그 위에 팥고물
   을 얹고 쌀가루, 팥고물을 차례로 넣는다. 시루냄비에 시루를 올리고, 냄비와 시루 사이에
   시루번을 붙인 후 센 불에 올려 김이 나면 15분 정도 쪄낸다.

● 알아
두기

• 느티 잎은 음력 4월 부처님 오신 날인 초파일 무렵이 새순이 돋아 여리고 부드러워 맛과
  향이 좋다.
• 떡가루에 느티 잎을 섞지 않고 쌀가루 사이에 켜켜이 넣고 쪄도 된다.

STORY

느티떡은 느티나무의 어린잎을 넣어 찐 무리떡으로 무독하고 향이 좋아 느티떡을 찌면 온 집안에 느티 잎 향이
가득해진다.
『**간편 조선요리제법**』에 사월 초파일 절식으로 '4월의 떡'이라 하였다.
『**조선무쌍신식요리제법**』에는 "느티떡이라 하며 느티나무 잎사귀가 연할 때 따서 켜를 두껍게 안치고 떡을 찐 후
먹으면 버석버석하며 조흐니라"라고 그 맛을 표현하였다.
사월 초파일 석가탄신일에 연등을 하며 축하를 하였다는 기록이 고려시대부터 나오고 있으며 이날 먹는 절식
에 관한 기록은 조선 후기 『**경도잡지**』에도 나온다.
느티나무는 수명이 길고 억센 줄기는 강인한 의지를 나타내며 단정한 잎들은 예의를 나타내기 때문에 마을을 대표
하는 나무일 뿐만 아니라 학교, 사당 등에도 많이 심었다.
『**아름다운 세시음식**』에 석남병, 석남엽병, 유엽병, 석남엽증병 등 느티떡의 여러 이름들이 기록되어 있다.

미나리강회

원문 및 해석

以烹芹和蔥 作膾 調椒醬 爲酒肴食之 皆初夏時 食也

데친 미나리에 파를 넣고 회를 만들어 산초가루를 탄 간장을 만들어 술안주로 먹는데 이것이 첫 여름의 시절음식이다.

재료 및 분량

미나리 100g, 실파 100g, 소금 1큰술
산초간장 : 간장 2큰술, 산초가루 1작은술

만드는 방법

1. 미나리는 잎을 떼어내고 깨끗이 씻고 실파도 다듬어 깨끗이 씻는다.

2. 냄비에 물을 붓고 센 불에서 끓으면 소금을 넣고 미나리와 파를 각각 데쳐낸 뒤 찬물에 헹구어 물기를 뺀다.

3. 미나리와 파를 각각 5~6cm 정도 길이에 맞춰 허리를 묶거나 족두리 모양으로 감아준다.

4. 간장에 산초가루를 섞어 산초간장을 만든다.

알아 두기

• 끓는 물에 소금을 넣고 살짝 데쳐 찬물에 즉시 헹궈야 색이 파랗고 연하다.
• 족두리 모양으로 감을 때는 밑부분을 감아서 쓰러지지 않게 아래를 두툼하게 만든다.
• 산초간장 대신 초고추장에 찍어 먹어도 좋다.
• 봄의 미나리는 제철재료로 연하고 부드러워 식용으로 많이 사용한다.

STORY

강회는 숙회의 일종으로 미나리나 파와 같은 채소를 소금물에 데친 다음 먹기 좋게 말아놓은 것이다.
등석절(燈夕節)을 전후한 햇미나리는 연하고 향기로운 채소로 미각을 돋우는 채소이다.
『시의전서』에는 "미나리를 다듬어 끓는 물에 데쳐 상투모양으로 감는다."
궁중에서는 족두리 모양으로 하였고 민가에서는 상투모양으로 만들었다.
『동국세시기』에 "사월 초파일은 불가의 가장 큰 행사로 가정에서도 손님을 초대하여 음식을 대접하는데 육류나 어류는 일절 사용하지 않고 반드시 소찬으로 차린다. 그 대표적인 음식은 느티떡, 콩볶음, 미나리강회이다"라고 하였다.
『제민요술』에 "미나리는 그 성질은 쉽게 무성해지고 맛이 달고 연하기 때문에 들에서 자란 것보다 훨씬 낫다"고 하였다. 미나리는 우리나라 전역에서 자생하며 한약명으로는 '수근(水芹)'이라고 하는데 봄에 겨우내 잠자던 오장육부를 깨우는 건강식품이다.

대추떡(棗餻)

원문 및
해석

按藝苑雌黃 寒食 以麵 爲蒸餅樣圓棗附之 名曰 棗餻

예원자황(藝苑雌黃)에 한식날 밀가루로 시루떡을 만들어 그 위에 대추를 붙인 것을 대추떡이라 한다.

재료 및
분량

밀가루 5컵, 소금 1/2큰술
막걸리 1/2컵, 물(미지근한 물) 1/2컵, 설탕 1/3컵
대추 5개

만드는
방법

1. 밀가루에 소금을 넣고 체에 내린 후 막걸리와 물, 설탕을 넣고 35~40℃의 따뜻한 곳에 두어 부풀어오르면 치대어 공기를 빼주고 다시 한 번 더 부풀어오르게 한다.

2. 부풀어오른 반죽을 다시 치대어 적당한 크기로 떼어 직경 6cm 크기로 동그랗게 빚어 더운 곳에 놓고 20분 정도 발효시킨다.

3. 동그란 반죽 위에 동글게 자른 대추를 고명으로 얹는다.

4. 김 오른 찜기에 넣고 센 불에서 20분 정도 쪄낸다.

알아
두기

• 막걸리에 미지근한 물과 설탕을 넣고 잘 섞어서 밀가루에 넣고 반죽하면 발효가 잘 된다.
• 부풀어오른 반죽을 세게 많이 치대어주어야 찜기에 쪘을 때 잘 부풀어오른다.
• 떡 속에 팥소를 넣어 상화병을 만들기도 한다.
• 반죽에 넣는 물은 찬물보다는 미지근한 물을 사용하여야 잘 부풀어오른다.

STORY

대추떡은 밀가루에 막걸리를 넣어 발효시킨 다음 대추고명을 얹어 찐 떡으로 푹신한 식감과 달큰한 대추의 향이 잘 어울린다.

남송 엄유익 著 『예원자황(藝苑雌黃)』에 "한식날 밀가루로 시루떡을 만들어 그 위에 대추를 붙인 것을 대추떡 '조고(棗餻)'라 한다"고 하였다. 『동국세시기』에는 "대추떡을 만드는 풍속이 『예원자황(藝苑雌黃)』에서 나온 것이며 방울처럼 부풀어오르지 않게 쪄서 먹기도 하고 누런 장미꽃을 따다가 올리기도 했는데 마치 화전과 같았다고 한다"라고 설명하고 있다.

대추는 조(棗) 또는 목밀(木蜜)이라 하여 그 색이 붉어 홍조(紅藻)라 한다.

열매가 많이 열리는 대추는 풍요와 다산의 의미가 들어 있으며 관혼상제 때 쓰는 필수재료로 특히 결혼식을 마친 후 시댁 어른들에게 폐백을 올릴 때 쓰는 대추고임은 다남(多男)을 기원하는 상징물로 후손을 남기기 위한 중요한 의미를 갖는다.

증병(蒸餠)

원문 및 해석

賣餠家 用糯米粉 打成一片 累累起酵 如鈴形 以酒蒸 溲豆餡和蜜
入於鈴內粘棗肉於鈴上 名蒸餠 有靑白兩色 靑者用當歸葉屑也

떡가게에서 찹쌀가루를 반죽하여 납작하게 뗀 조각들을 여러 번 발효시켜 방울 모양처럼
만들어 술을 넣고 찌는데 삶은 콩에 꿀을 넣고 버무려 소를 만들어 넣고 그 위에 대추를 붙여
만든 것이 증병이다. 푸른 것과 흰 것 두 가지가 있는데 푸른 것은 당귀잎을 쓴 것이다.

재료 및 분량

멥쌀가루 500g, 소금 1/2큰술, 설탕 1/2컵(50g), 막걸리 1컵(180g), 물 1½ 컵
멥쌀가루 500g, 승검초가루(당귀잎가루) 20g, 소금 1/2큰술, 설탕 1/2컵(50g), 막걸리 1컵(180g)
물 1½ 컵
소 : 불린 서리태 150g, 소금 1작은술, 꿀 2큰술
고명 : 대추 2개, 식용 꽃잎

만드는 방법

1. 멥쌀가루를 한쪽에는 승검초가루와 소금을 잘 섞고, 또 한쪽에는 소금을 넣고 잘 섞은 다음 체에 한번씩 내린 후 설탕, 막걸리, 물을 넣고 주걱으로 고루 저은 다음 큰 그릇에 담아 비닐로 위를 덮고 그 위에 두툼한 보를 덮어 35~40℃의 온도가 유지되도록 하여 약 3시간 정도 1차 발효를 시킨다.

2. 불린 서리태는 15분 정도 삶아 소금과 꿀을 넣고 섞어 소를 준비한다.

3. 반죽이 3배 정도 부풀어오르면 고루 저어 공기를 빼주고 다시 2시간 정도 2차 발효를 시킨다.

4. 부풀어오른 반죽을 휘저어 다시 공기를 빼준 뒤 증편틀에 1/3 정도 담고, 소를 넣고 나머지 반죽 1/3을 채운 다음 대추고명을 올린다.

5. 찜기에 떡반죽을 올린 다음 뚜껑을 닫고 불을 약불로 줄여서 5분 정도 두어 3차 발효를 시킨다. 부풀어오르면 불을 세게 올리고 15~20분 정도 쪄준다.

알아 두기

- 물은 미지근한 것을 사용하면 발효에 좋고, 생이스트를 함께 쓰기도 한다.
- 기포가 생기지 않도록 증편틀에 담아 바닥에 탁탁 쳐서 기포를 빼준다.
- 원문에서는 찹쌀가루를 사용하였으나 부풀지 않아 멥쌀가루를 사용하였다.

STORY

증병은 멥쌀가루에 술을 넣고 반죽하여 발효시켜 찐 떡으로 쉽게 변하지 않는 게 특징이다. 여름철에 잘 상하지 않게 술을 넣고 만든 조상들의 지혜가 담긴 떡으로 지역에 따라 기장떡, 기주떡, 쪽기정, 기증편으로 불린다. 『조선상식문답』에 "증편은 상화를 고급화한 우리나라의 사치품이다." 하였으며, 『목민심서』에 "칙사 접대를 할 때 증병을 상에 올렸다"고 한다. 예전에는 막걸리 대신 엿기름물, 콩물 등을 사용하였으며, 웃고명으로 맨드라미꽃, 오이꽃, 민들레꽃, 호박꽃 등을 사용하였다. 증병에 푸른색을 내는 승검초는 당귀의 잎으로 최표의 『고금주』에서는 "옛 사람들은 작약으로써 서로 이별하였고 문무로써 서로 붙었다."고 한다. 여기에 문무는 당귀(當歸)로써 전쟁터에 나간 남편이 반드시 돌아온다는 뜻이 들어 있다.

어채(魚菜)

원문 및 해석

以魚鮮細切熟之 雜苽菜 菊葉 葱芽 石耳 熟鰒 鷄卵 名曰 魚菜

생선을 잘게 썰어 익혀 줄나물, 국화 잎, 파싹, 석이버섯, 익힌 전복, 달걀 등을 섞은 것을 어채라 한다.

재료 및 분량

민어 300g, 소금 1/2큰술
전복 2개, 달걀 2개
줄나물 100g, 국화잎 60g, 파싹 60g, 석이버섯 50g
녹말가루 60g
겨자장 : 겨자즙 3큰술, 잣가루 1작은술

만드는 방법

1. 민어는 3장 뜨기로 포를 떠서 껍질을 벗기고 한입 크기로 저민 다음 소금을 뿌린다. 전복도 깨끗이 손질하여 칼집을 낸다.

2. 달걀을 황, 백으로 나누어 얇게 지단을 부친 다음 3cm 길이로 썬다.

3. 줄나물은 3cm 길이로 썰고 국화 잎과 파싹은 깨끗이 손질한다. 석이버섯은 불려서 비벼 씻어 돌기를 떼어내고 국화 잎과 비슷한 크기로 썬 다음 녹말을 묻힌다. 준비한 민어와 전복도 녹말을 묻힌다.

4. 냄비에 물을 넉넉히 붓고 끓으면 준비한 채소와 민어, 전복을 차례로 넣고 데친 후 찬물에 재빨리 헹궈 물기를 뺀다.

5. 접시에 볼품있게 돌려담고 겨자장과 함께 낸다.

알아 두기

• 어채는 차게 먹는 음식이므로 생선은 비린내가 나지 않는 흰살생선을 사용한다.
• 줄나물은 벌깨덩굴이 정식 명칭이며 잎이 깻잎 모양을 닮아 깻잎나물이라고도 한다. 깊은 산 골짜기에 많으며 삶아서 무치면 나물로 좋다.

STORY

어채에 사용되는 민어는 흰살생선으로 맛이 담백하고 식감이 단단하며 쫄깃하다.
우리 조상들은 여름에 날것으로 생회를 먹기보다는 녹말가루를 입혀 살짝 익힌 숙회를 즐겼다.
어채는 '어회'라고도 하며 어채에 대한 기록은 **『옹희잡지』**에 "각종 생선을 회처럼 썰어서 녹말을 묻히고, 고기 내장, 대하, 전복, 채소를 한 가지씩 삶아내어 보기 좋게 담는다"고 하였다.
『조선무쌍신식요리제법』에 '민어채'는 차게 먹는 음식으로 비린내가 없는 흰살생선을 썼으며 궁중에서는 날 회보다 숙회로 살짝 익혀 만들었다.
『읍취헌유고』 따르면 "시주(詩酒)를 즐기며 서로 왕래하였고 술상에는 안주로 어채(魚菜)를 차렸다"는 기록으로 보아 어채는 오래전부터 주안상에 올랐던 귀한 음식임을 알 수 있다.

어만두(魚饅頭)

원문 및 해석

以魚厚切 作片 包 肉餡而熟之 名曰 魚饅頭 幷和醋醬 食之

생선을 두껍고 넓게 썰어 조각을 만들고 고기소를 넣고 싸서 익힌 것을 어만두라 하며 초장에 찍어 먹는다.

재료 및 분량

흰살생선(민어) 700g, 소금 1/2작은술, 흰 후춧가루 1/4작은술
다진 쇠고기(우둔) 70g
쇠고기양념장 : 간장 1/2큰술, 설탕 2½작은술, 다진 파 1/2작은술, 다진 마늘 1/3작은술
　　　　　　　후춧가루 1/8작은술, 참기름 1/2작은술

녹말 1컵
초장 : 간장 1큰술, 식초 1큰술, 물 1큰술

만드는 방법

1. 흰살생선은 가로세로 7cm, 두께 0.3cm 정도로 저며썰어서 소금과 흰 후춧가루를 뿌려 10분 정도 재워둔 뒤 물기를 닦는다.

2. 다진 쇠고기는 핏물을 닦고 양념장을 넣어 섞은 후 팬에 2분 정도 볶는다.

3. 준비한 흰살생선에 녹말을 묻히고 볶은 쇠고기를 넣고 동그랗게 싼 후 겉에 녹말을 묻힌다.

4. 김이 오른 찜기에 젖은 면포를 깔고 어만두를 올려 5분 정도 찐다.

알아 두기

• 생선포는 되도록 얇게 떠야 모양도 좋고 소를 넣고 감싸기가 쉽다.
• 예전의 어만두는 속에 채소는 안 들어가고 쇠고기만 들어간다.
• 겉에 녹말을 묻혀서 익히면 표면이 매끈하고 촉감이 좋다.

STORY

어만두는 밀가루 반죽으로 만든 피 대신에 숭어 살을 만두피로 하여 소를 넣고 싸서 만든 음식이다.
궁중에서 사용되던 어만두가 『음식디미방』과 『시의방』 등에 조리법이 기록되어 있는 것으로 보아 점차 양반가에 전해져 오늘에 이르렀음을 알 수 있다.
만두피로 흰살생선인 숭어가 주로 쓰였는데 『동의보감』에 "숭어는 맛이 감(甘)하고 평(平)하며 무독하고, 위를 열고 오장을 통리하며 모든 곳에 약이 된다"고 하였기 때문이다.
『윤씨음식법』에 "어만두는 제사에 사용할 것은 크게 만들고, 상에 놓을 것은 작은 모시조개 크기로 만든다.
숭어가 어만두 만들기에 가장 적합하고 농어로 만들면 둔하고 갈라지기 쉬워 좋지 않다.
생선소로는 두부를 조금 섞어 넣고 소금으로 간을 하여 숭어살을 저며 싼다"고 기록되어 있다.

수리취떡(戌衣翠糕)

**원문 및
해석**

端午俗名 戌衣日 戌衣者東語車也 是日採艾葉爛搗 入粳米粉 發綠
色打 而作餻 象車輪形 食之 故謂之戌衣日 賣餅家以時食賣之

단오를 속칭하여 수릿날이라고도 하는데 '수리'란 우리나라 말로 수레(車)다. 이날 쑥을
뜯어 짓이겨 멥쌀가루에 넣고 초록색이 나도록 반죽을 하여 수레바퀴 모양으로 떡을
만들어 먹는다. 그래서 이날을 수릿날이라고 하는 것이다. 떡을 파는 집에서 이것을
시절음식으로 판매한다.

**재료 및
분량**

쑥 300g, 소금 1/8큰술
멥쌀가루 500g, 소금 1/2큰술
참기름 1큰술

**만드는
방법**

1. 쑥은 잡티를 골라내고 끓는 물에 소금을 살짝 넣고 데쳐서 찬물에 헹구어 꼭 짠다.
2. 분마기에 멥쌀가루와 쑥을 넣고 곱게 간다.
3. 쑥을 넣은 쌀가루에 소금과 물을 넣고 잘 치댄 뒤 반죽하여 동글납작하게 빚은 뒤 수레바퀴
   문양의 떡살로 찍어 문양을 낸다.
4. 김이 오른 찜기에 젖은 면포를 깔고 수레바퀴 문양을 낸 떡을 올리고 김이 오르면 15분 정도
   쪄서 찬물에 담갔다 건져서 물기를 빼고 참기름을 바른다.

**알아
두기**

• 반죽할 때 많이 치대야 떡반죽이 매끈하고 곱다.
• 쑥 대신에 수리취를 사용하기도 한다.

STORY

단옷날을 '수릿날'이라 하는데 수리는 우리말로 수레(車)를 뜻하는 것이다.
수릿날의 수리취떡은 수레바퀴 문양의 백자, 청자 또는 박달나무나 대추나무로 만든 떡살로 찍어 수레바퀴
모양의 떡을 만들어서 '차륜병'이라고 한다. 떡에 수레바퀴 문양을 찍어 먹는 의미는 1년 내내 모든 일이 막힘
없이 잘 굴러가라는 뜻이 들어 있다.
「지봉유설」에 "고려는 상사일에 '청애병'을 으뜸으로 삼는데 어린 쑥잎을 쌀가루와 섞어 찐 떡이다"고 하는
것으로 보아 오래전부터 절식으로 먹어왔다는 것을 알 수 있다.
「고려가요」 "동동(動動)"에 "오월 오일에 아으 수릿날 아침 약은 천년을 장존(長存)하실 약이라 바치옵니다.
아으 동동다리"라는 노래가 있다. 수릿날 아침약이란 쑥과 익모초를 말한다. 지금도 농촌에서는 양(陽)의 기운
이 가장 강한 날인 단옷날 이른 아침에 쑥을 뜯어다가 묶어서 문 옆에 세워두는 풍속이 있다.

옥추단(玉樞丹)

5
월

84
—
85

원문 및 해석

製玉樞丹 塗金箔 以進穿五色絲佩之 禳灾頒賜近侍 按風俗通 五月
五日 以五綵絲繫臂者辟鬼及兵 名 長命縷 一名 續命縷 一名 辟兵繒
今俗之 佩丹盖此類也

옥추단을 만들어 금박(金箔)으로 싸서 바친다. 그것을 오색실에 붙들어 매어 차고 다
니면 재액(災厄)을 제거한다. 또 그것을 가까이 모시는 신하들에게 나누어준다.
풍속통(風俗通)에 五月 五日 오색실을 팔에 붙들어 매어 귀신과 병화(兵火)를 쫓는다. 그것을
장명루 또는 속명루 일명 벽병증이라고 한다고 했다. 지금 풍속에 옥추단을 차는 것이
이런 종류일 것이다.

재료 및 분량

문합(蚊蛤) 112.5g, 산자고(山茨菰) 75g, 대극(大戟) 56.25g
속수자(續隨子) 37.5g, 사향(麝香) 11.25g, 석웅황(石雄黃) 37.5g, 주사(朱砂) 18.75g
찹쌀죽 : 찹쌀가루 3큰술, 물 1컵
▶ 40환 기준(40개의 옥추단을 만들 수 있는 재료)

만드는 방법

1. 문합은 벌레와 흙을 제거하고 산자고는 껍질을 벗겨서 불에 가볍게 굽고, 대극은 붉은 싹이
   있는 것을 골라 맑은 물에 잘 씻어 불에 가볍게 구워 절구에 잘 빻는다.

2. 속수자는 껍질과 기름을 제거한 뒤 사향과 석웅황 그리고 주사와 함께 고루 섞어 절구에 넣어
   잘 빻는다.

3. 찹쌀로 풀을 되게 쑤어 식힌다.

4. 식힌 찹쌀죽에 준비한 약재분말을 넣고 잘 섞어 환약을 만들어 그늘지고 서늘한 곳에서 건조
   한다.

알아 두기

• 이 약을 복용할 때는 박하탕(薄荷湯)을 끓여 이 물에 한번에 반 알씩 풀어 먹는다. 증상이 심하면
  한 알을 복용한다. 여기서 문합은 오배자(五倍子)의 다른 이름이므로 오배자를 사용하면 된다.

STORY

옥추단은 중국 명나라의 『**의학입문**』에 처음 수록된 구급약이며 벌레나 짐승, 또는 조류의 독, 식물과 금속의 독
등 모든 독에 대한 해독작용을 하는 약으로 처방이 기록되어 있다.
『**세시풍속과 우리음식**』에 옥추단은 궁중 내의원에서 만들어 제호탕과 함께 단옷날 임금님께 바치면 임금님이
다시 단오 때 신하에게 내렸다. 임금께 하사받은 옥추단은 단옷날 금박을 입히고 가운데 구멍을 뚫어 오색실을
꿰어 차고 다니거나 부채 끝에 선초(부채장식) 대신 달고 다니며 제액을 막는 데 사용하였다. 이는 후한 말 중국의
응소가 지은 『**풍속통**』에 "단오 때 귀신과 난리를 물리치는 의미에서 오색 명주실을 팔에 매는 풍습이 있었으며 이것
을 장명루, 속명루라 하였다"고 하였으며 『**동국세시기**』에서는 "옥추단 또한 이것의 종류일 것이다"라고 하였다.

제호탕 (醍醐湯)

원문 및 해석

內醫院 造醍醐湯 進供…

임금의 약을 관리하는 내의원에서는 여러 약초를 꿀에 넣어 끓인 제호탕을 만들어 임금에게 바치며…

재료 및 분량

오매육가루 15g, 초과가루 1g, 백단향가루 0.5g, 축사인가루 0.5g
꿀 3큰술
꿀물 : 끓여 식힌 물 5컵, 꿀 1/2컵

만드는 방법

1. 오매육가루와 초과가루, 백단향가루, 축사인가루는 함께 섞어 체에 내린다.

2. 섞은 약재가루에 꿀을 넣고 고루 섞은 후 중탕용 그릇에 담는다.

3. 냄비에 물이 끓으면 준비한 중탕용 그릇을 넣고 약불에서 3시간 정도 중탕하여 걸쭉하게 곤다.

4. 꿀물에 만들어놓은 제호탕을 1~2큰술 정도 넣고 고루 섞어 마신다.

알아 두기

• 중탕할 때 끓는 물이 들어가지 않도록 주의한다.
• 제호탕을 만들어 저장할 때는 사기나 도자기, 유리 단지에 담아두어야 색이나 맛이 변하지 않는다.
• 필요할 때마다 따뜻한 물이나 시원한 물에 타서 먹는다.

STORY

제호탕은 오매육 등의 한약재료를 갈아서 꿀에 섞어 중탕으로 조린 음료로 더위를 먹지 않고 갈증이 가신다 하여 단오부터 추석까지 임금님께 진상했던 여름음료이다.

『임원십육지』에 "제호탕은 내의원에서 만들어지며 임금님께 진상하는데 의관들이 지인에게 선물하기도 하였다." 제호탕을 진상받은 임금님은 기로소에 하사하기도 하였는데 기로소는 70세가 넘은 정 2품 이상의 문관들을 예우하기 위해 설치한 기구이다.

『방약합편』에 "제호탕의 재료는 성질이 모두 더워서 위를 튼튼하게 하고, 장의 기능을 조절하며 설사를 그치게 하는 효능이 있어서 무더운 여름에 제호탕을 마시면 배탈이 나지 않게 해 여름을 잘 날 수 있다." 하였으며 우리 조상들이 여름을 건강하게 나기 위해 만든 약식(藥食)동원의 지혜가 담긴 음료이다.

『동의보감』에 제호탕은 더위를 피하고 갈증을 그치게 하며 위를 튼튼히 하고 장의 기능을 조절하여 설사를 그치게 하는 효능이 있다고 하였다.

간장(醬油)

원문 및 해석

都俗 以燻豆調鹽 沈醬于陶甕 爲過冬之計 百忌日辛 不合醬忌辛日

한양 풍습에 메주를 소금물에 넣어 항아리에 장을 담가 과동(過冬)을 위한 계획을 세운다.
온갖 것을 꺼리는 날인 신일(辛日)은 장 담그는 데 맞지 않으므로 신일만은 피한다.

재료 및 분량

메주 5~6덩어리
소금 6kg, 물 30L, 대추 30개, 숯 7개, 건고추 5개

만드는 방법

1. 메주를 소금물에 담가 달군 숯과 대추, 건고추를 넣고 볕이 잘 드는 곳에 30~40일 동안 두어 충분히 우려낸다.

2. 우러난 장물만 떠내어 체로 걸러서 솥에 붓고 장을 달인다.

3. 깨끗이 소독한 항아리에 달여 식힌 장을 담아놓고 면포를 덮고 뚜껑을 덮는다.

4. 오전 11시에서 오후 3시까지 뚜껑을 열고 볕을 쪼인다.

알아 두기

• 간장을 맛있게 먹으려면 볕쬐기와 통풍을 잘해야 한다.
• 숯, 건고추, 대추를 같이 간장에 담가놓으면 살균과 흡착의 효과가 있어 간장의 맛이 변하는 것을 막을 수 있다.
• 간장 맛이 좋아야 음식 맛을 낼 수 있다 하여, 장을 담글 때는 반드시 길일을 택하고 부정을 금하였으며, 재료의 선정 때는 물론이고 저장 중의 관리에도 세심한 주의를 기울인다.

STORY

예로부터 장 담그는 날과 김장하는 날은 가정행사 중 가장 중요한 날로 여겼다.
『**증보산림경제**』에 "장은 장수(醬水)라는 뜻이니 온갖 맛 중의 장수(將帥)가 된다"고 하여 장의 중요성을 설명하고 있다.
『**규합총서**』에 "장 담그기 좋은 날은 병인일·정묘일·제길신일·정월 우수일·입동일·황도일이다. 나쁜 날은 수흔일(水痕日), 육신일(六申日)이라 하였다. 특히 신(辛)일에 담으면 신맛이 나고 좋지 않으니 장 담그기를 피하라"고 기록되어 있다. 『**동국세시기**』에 궁중의 쌀과 장을 공급받은 사도사(司道寺)에서는 궁궐 창고의 메주콩을 단오가 오기 전에 미리 도성 근처 사찰의 중들에게 맡겨 장을 담근 다음 단옷날에 진상하도록 하였다고 한다.
『**삼국사기**』를 보면 신문왕 때 왕비 맞을 때 폐백 품목으로 된장과 간장이 기록되어 있는 것으로 보아 삼국시대에 장류가 사용되었음을 알 수 있다.
장독에는 금줄을 치고 버선모양의 한지를 붙였는데 장맛을 해치는 나쁜 것은 버선 속에 들어가고 장항아리 속에는 못 들어가게 하는 뜻이 있다.

분단(粉團)

원문 및 해석

按天寶遺事宮 中每端午 造粉團 角黍 釘金盤中 以小小角弓架箭射 中 粉團 者得食

궁중에서 매년 단오에 분단과 각서를 만들어 쟁반 안에 못으로 고정시켜 놓고 작은 각궁(활)으로 화살을 쏘아 그 분단을 맞춘 사람이 그것을 먹는다고 했다.

재료 및 분량

밀가루 3컵, 소금 2/3작은술, 설탕 1큰술, 물
꿀 5큰술, 참깨 3큰술
튀김기름 2½컵

만드는 방법

1. 밀가루에 소금과 설탕을 넣고 잘 섞어 체에 내린다.

2. 밀가루에 물을 넣어 반죽하고 18g 정도씩 떼어 동그랗게 경단 모양으로 빚는다.

3. 동그랗게 만들어놓은 경단 표면에 꿀을 바르고 참깨를 묻힌다.

4. 170℃의 기름에 경단을 넣고 굴리면서 튀긴 다음 기름을 뺀다.

알아 두기

• 반죽한 경단에 참깨를 꼭꼭 눌러서 묻힌다.
• 튀길 때 경단이 떠오르기 전까지 건드리지 않아야 깨가 떨어지지 않고 서로 잘 붙는다.
• 참깨를 볶는 방법은 참깨를 깨끗이 씻어 둥근 팬에 넣고 중불에서 볶다가 깨가 잘 볶아지면서 톡톡 튀면 손가락으로 문질러보아 부서지면서 고소하면 다 볶아졌으니 꺼내놓으면 된다.

STORY

유두날 먹는 유두면은 밀가루로 만든 떡을 말하며, 분단은 건단에 참깨를 입혀 만든 떡을 말한다.
『동국세시기』에 "맥(小麥)으로 구슬 같은 모양을 만들어 유두면이라 하는데 유두면은 국물에 띄워 시원하게 먹는 수단과 물기가 없는 건단이 있다. 또한 건단에 참깨를 입힌 것이 분단이다"라고 하였다.
『開元 천보유사』에 따르면 "유두풍속에 궁중에서 매년 단오에 분단과 각서를 만든 다음 이것에 못을 쳐서 고정시킨 금쟁반 가운데 놓고 작은 활로 쏘아 분단을 맞힌 사람이 먹는다"고 했는데 분단이 작고 매끄러워 맞추기가 매우 어려웠다고 한다.

상화병(霜花餠)

원문 및 해석

小麥麵溲而包豆荏和蜜蒸之曰霜花餠

밀가루를 반죽하여 꿀에 버무린 콩이나 깨를 그 속에 넣어 찐 것을 상화병이라 한다.

재료 및 분량

밀가루 5컵, 소금 1/2큰술, 막걸리 1컵, 물 1컵
소 : 서리태 1컵, 소금 1/4큰술, 꿀 1큰술

만드는 방법

1. 밀가루에 소금을 넣고 체에 내린 후 막걸리와 물로 반죽한 후 35~40℃의 따뜻한 곳에 두어 부풀어오르면 치대어 기포를 빼주고 다시 한 번 부풀어오르게 한다.

2. 냄비에 물과 서리태, 소금을 넣고 물이 끓으면 10분 정도 삶아서 물기를 뺀 후 꿀을 넣고 잘 섞는다.

3. 부풀어오른 반죽을 치대고 적당한 크기로 떼어 콩소를 넣고 직경 6cm 정도의 크기로 빚는다.

4. 김 오른 찜기에 올려 약한 불에 10분 정도 두었다가 센 불에서 10분 정도 더 쪄낸다.

알아두기

• 물은 찬물보다 미지근한 물을 사용하면 발효에 도움이 된다.
• 잘 부풀게 하려면 건이스트나 생이스트를 조금 넣어주면 좋다.
• 발효된 반죽은 치댈수록 잘 부풀어올라 크기가 커지고 떡의 질감이 부드럽다. 「

STORY

상화란 명칭이 문헌에 나타난 것은 『고려가요』의 「쌍화점」에 대한 기록으로 알 수 있다.
고려의 수도 개경에 생긴 우리나라 최초의 떡집인 쌍화점은 매우 귀하고 비싸게 수입해 온 밀가루로 떡을 만들어 팔았는데 그 떡이 상화이다.
상화병은 원나라에서 유입된 음식으로 우리나라 떡 중에 유일하게 밀가루를 가지고 만든 떡이다.
『동국세시기』에 유두에 먹는 절식이라 하였으며, 주로 여름에 먹는다. 제주도에서는 상화를 의례음식으로 올리는데 '상애떡'이라 한다. 고려시대부터 먹어온 떡이지만 조선 후기까지 별미 떡류의 하나로 귀하게 여겨왔다.
고려 공민왕 때 『대전조례』에 "중국사신이 오면 예빈시에서 상화를 만들어 사신을 대접하였다"고 한다.
이 밖에 여러 고조리서에도 상화병 만드는 조리법이 수록되어 있다.

수단(水團)과 건단(乾團)

원문 및 해석

蒸粳未粉 打成長股團餠 細切如珠 澆以蜜水 照氷食之 以供祀 名曰
水團 又有乾團 不入水者 卽冷鑰之類 或用糯米粉爲之

멥쌀가루를 쪄서 긴 다리같이 만들어 둥근 떡을 만들고 잘게 썰어 구슬같이 만든다.
그것을 꿀물에 넣고 얼음에 채워서 먹으며, 제사에도 쓰는데 이것을 수단 또는 건단이
라고 한다.
건단이라고 하는 것은 수단같이 만들지만 물에 넣지 않은 것으로 곧 냉도와 같은 종류
다. 혹 찹쌀가루로 만들기도 한다.

재료 및 분량

찹쌀가루 2컵, 소금 1/2작은술, 물 4큰술
꿀물 : 물 3컵, 꿀 3/4컵

만드는 방법

〈수단〉
1. 찹쌀가루에 소금을 넣고 체에 내린 후 물을 넣고 버물버물한 후 찜기에 쪄서 익힌 후 안반
   위에 놓고 치댄다.
2. 준비한 떡 반죽을 손으로 가늘고 길게 반대기를 지어 은행알 크기로 떼어내어 구슬같이 둥
   글게 만든다.
3. 물에 꿀을 넣고 꿀물을 차게 만들어놓는다.
4. 차게 식힌 꿀물에 구슬같이 둥근 떡을 넣고 시원하게 얼음을 넣는다.

〈건단〉
1. 만드는 방법은 수단과 같으나 만들어 꿀물에 넣지 않은 것을 말한다.

알아 두기

• 반죽을 길게 늘여 손을 옆으로 세워 잘라서 둥글게 만든다.
• 멥쌀가루와 찹쌀가루를 반반씩 쓰면 늘어지지 않아 모양과 맛을 모두 살릴 수 있다.

STORY

『경도잡지』와 『열양세시기』에 유두에 먹는 음식 중 멥쌀가루를 쪄서 동그랗게 긴 다리같이 만들어 잘게 썬
다음 구슬같이 만든다. 그것을 꿀물에 넣고 얼음을 채워서 먹고 제사에도 쓰는데 이것을 수단(水團)이라 한다
고 하며 수단처럼 만들었으며 물기가 없는 것은 '건단(乾團)'이라고 기록되어 있다.
『세시잡기』에 "단오에는 수단을 만들며 일명 백단이라 하고, 가장 정한 것을 적분단이라 한다"고 하였다. 적분단은
여러 가지 색에 아름다운 모양으로 만든 정교하게 만든 것이다.
1829년 순조임금 『진찬의궤』에 "궁중의 수단은 흰떡을 꿀물에 띄우거나 경단으로 삶아 썼으며 순조의 사순과
어극 30년을 축하하는 잔치에서 수단을 올렸다"고 하며 『옹희잡지』에서는 "수단에 여러 가지 색을 들여 만든 것
을 오색수단이라고 하는데 색을 만들기 위해 백미, 치자, 감태, 청, 실백자, 연지 등을 사용하였다"고 하였다.

각거(角黍)

원문 및 해석

古人 以角黍粽爲端午節物 相饋送 盖此類 而角與團 異形也

옛날 사람들은 각거를 단오절 음식으로 삼아 서로 주고받고 하였다는데, 모두 같은 종류인 듯하며 다만, 모양이 모나고 둥근 것이 서로 다를 뿐이다.

재료 및 분량

밀가루 2컵, 소금 1/2작은술, 물 1/2컵
오이 1개, 소금 1/2작은술
불린 표고 50g, 소고기 50g
양념 : 간장 2작은술, 참기름 2작은술

만드는 방법

1. 밀가루에 소금과 물을 넣고 치대어 반죽한다.

2. 오이는 돌려깎아 채썬 뒤 소금에 절이고, 절여진 오이는 물기를 살짝 없앤다.

3. 표고버섯, 소고기도 채썰어 각각 양념한다.

4. 팬에 소고기와 표고를 넣고 볶다가 오이를 넣고 볶아 소를 만든다.

5. 반죽을 밀대로 밀어 직사각형으로 잘라 소를 넣어 모양을 각지게 만들고, 찜기에 면포를 깔고 쪄준다.

알아두기

• 표고버섯과 쇠고기를 충분히 볶다가 오이를 넣고 살짝 볶아야 질감이 아삭하다.
• 반죽은 얇게 밀어야 속이 보이고 모양과 맛이 좋다.

STORY

각서종(角黍粽)의 한문을 해석하면 角(뿔 각), 黍(기장 서), 粽(각서 종)이므로 각서종을 합쳐서 각서(角黍)로 표기하였다.

『열양세시기』에서 "옛 사람들이 각서와 종(粽)을 단오의 절식으로 삼았다"고 한다. 옛날에 밥을 서직(黍稷)이라고 했으니, 각서란 것은 밥을 싸서 뿔이 나게 만들었다는 것이다.

또한 "초나라 사람들이 5월 5일에 멱라수에 투신 자결한 굴원(屈原)의 죽음을 슬퍼하며, 영혼을 위로하기 위해 대통에 찰밥을 담아 강에 던져 제사를 지내게 되었는데 이것이 우리나라에 전해져 단오가 되었으며 이 떡을 만들어 먹는 풍속이 생겼다"고 한다.

『성호사설』에 "우리나라 풍속도 단옷날 밀가루로 둥근 떡을 만들어 먹는데, 고기와 나물을 섞어서 소를 넣은 뒤 줄잎처럼 늘인 조각을 겉으로 싸서 양쪽에 뿔이 나게 한다." 하는데 이것이 각서이다.

연병(連餅)

원문 및 해석

碾麵而油煮 包葫饀 或包豆荏和蜜爲饀 卷摺異形 名曰 連餅

밀가루를 반죽하여 기름에 지진 다음 줄나물로 만든 소를 넣거나 콩과 깨에 꿀을 섞은 소를 넣어 여러 가지 모양으로 오므려 만든 것을 연병(連餅)이라 한다.

재료 및 분량

밀가루 1컵, 소금 1/2작은술, 물 1컵
콩가루 1컵, 볶은 참깨 1큰술, 꿀 3큰술
지지는 기름 3큰술

만드는 방법

1. 밀가루에 소금과 물을 넣고 너무 되지 않게 묽게 반죽한다.

2. 콩가루와 볶은 참깨에 꿀을 넣고 잘 섞어 길고 둥글게 소를 만든다.

3. 기름 두른 팬에 반죽을 지름 12cm 정도로 둥글고 얇게 부친다.

4. 반죽이 익으면 소를 넣고 돌돌 말아 모양을 낸다.

알아두기

• 밀가루 반죽으로 전병(煎餅)을 부칠 때 기름을 적게 두르고 반죽을 얇게 지져내야 속 내용물이 겉으로 비치고 부드럽다.
• 불은 센 불보다 중불에서 지져야 표면이 매끈하고 모양이 좋다.
• 지역마다 속에 들어가는 재료가 다양하다.

STORY

연병은 1935년 『조선의 연중행사(朝鮮の 年中行事)』에서 "밀가루에 물을 조금 붓고 반죽하여 얇게 펴서 기름에 지져 놓는다.
그리고 깨, 팥, 꿀을 섞어서 소를 만들어 각각에 넣고 말아 싼 다음 그것을 찌거나 해서 먹는다"라고 나와 있다.
『동국세시기』에 "주름을 잡아 나뭇잎 모양으로 만들고 고미로 만든 소를 넣어 채롱에 쪄 초장을 찍어 먹기도 했다." 하였다.
각 지역에 따라 밀가루가 아닌 메밀이나 차조, 수수, 찰기장으로 만들고, 계절에 따라서 찹쌀을 쓰기도 하고 소도 무나물, 돼지고기, 김치, 콩가루 등 다양하게 넣었다.
강원도에서는 메밀과 김치와 돼지고기 소를 넣은 것을 '총떡'이라 하고 제주에서는 메밀과 무채를 넣은 것을 '빙떡' 또는 '망석떡'이라 한다. 제주 사람들은 상갓집이나 잔칫집의 부조로 빙떡을 보내는 풍습이 있다.

개장국 — 구장(狗醬)

烹狗 和葱爛蒸 名曰 狗醬 入雞笋 更佳 又作羹 調番椒屑 澆白飯 爲時食

개고기를 파와 함께 푹 삶은 것을 개장이라 하는데, 거기에 닭고기와 죽순을 넣으면 더욱 좋다. 또 개장국을 만들어서 산초가루를 치고 흰밥을 말면 시절음식이 된다.

재료 및 분량

개고기 900g, 물 15컵, 대파 300g, 된장 6큰술, 저민 생강 20g
닭고기 200g, 대파 100g, 마늘 20g
죽순 120g
산초가루 1작은술
양념 : 청장 1큰술, 파 2큰술, 마늘 2큰술, 후춧가루 1/2작은술, 고춧가루 2큰술, 들기름 1큰술

만드는 방법

1. 냄비에 물을 넣고, 개고기와 대파, 된장, 저민 생강과 함께 넣고 무르게 삶아 고기는 건져서 찢어 놓고 국물은 따로 둔다.

2. 냄비에 물을 붓고 닭고기와 대파, 마늘을 넣고 삶아서 살을 발라둔다.

3. 냄비에 물을 붓고 끓어오르면 죽순을 삶아서 건져 썰어 놓는다.

4. 준비해 놓은 개고기와 닭고기, 죽순에 양념을 넣어 고루 무쳐서 고기 국물에 넣고 한소끔 끓인다.

5. 산초가루와 함께 곁들인다.

알아 두기

• 깻잎 등의 향채를 넣으면 누린내가 안 나며 식감도 좋고 풍미가 좋다.
• 들깻가루를 고명으로 넣어 먹으면 고소하고 맛이 좋다.
• 요즈음은 개를 식용으로 길러서 위생적으로 도축하여 유통되고 있다.

STORY

개장국은 구장(狗醬)이라고도 하고, 흔히 보신탕으로 대표적인 여름철 보신 음식이며 특별한 복날 음식이라 할 수 있다. 복날에 개장국을 먹으면 땀을 흘리면서 이열치열(以熱治熱)의 효과가 있다고 한다. 음양오행설로 보면 개는 성질이 아주 더운 화(火)이고, 삼복 더위인 복(伏)은 금(金)이다. 화가 금을 누르는 화극금(火克金)으로 구장을 먹어 더위를 이겨낸다는 원리이다.

사마천(司馬遷)의 **『사기(史記)』**에 "진덕공 2년에 비로소 삼복 제사를 지내는데 성 안 사대문에서 개를 잡아 충재(蟲災)를 막았다고 했다. 그러므로 개 잡는 일이 곧 복날의 옛 행사요, 지금 풍속에도 개장이 삼복의 가장 좋은 음식이 되었다"라고 최초로 개 식용에 관한 언급을 하였다. 그러나 고려 말 이승휴의 **『문집』**에는 "삼복 풍속에 개장 먹는 일이 없고 팥죽을 먹는다"고 했으니, 이러한 풍습이 조선에 들어오면서 시작된 것으로 보인다.

백마자탕(白麻子湯)

원문 및 해석

以小麥 造麵 調靑菜鷄肉 澆白麻子湯

밀가루로 국수를 만들어 오이와 닭고기를 섞고 백마자탕(白麻子湯)에 말아 먹는다.

재료 및 분량

국수 : 밀가루 2컵, 소금 1/2작은술, 물 2/3컵
닭 600g(1/2마리), 대파 100g, 마늘 50g, 물 10컵
볶은 참깨 1컵, 소금 1큰술
오이 1/2개

만드는 방법

1. 밀가루에 소금과 물을 넣고 충분히 반죽한 후 밀대를 이용하여 얇게 펴서 썰어 국수를 만든다.

2. 닭은 내장을 제거하고 깨끗이 씻어 냄비에 물과 대파, 마늘을 넣어 1시간 정도 삶아 닭은 건져 살만 발라 찢고, 국물은 차게 식혀 기름을 걷는다.

3. 분쇄기에 볶은 깨와 닭 육수를 넣고 곱게 갈아 체에 밭쳐서 깻국을 만들어 소금으로 간을 맞춘다. 오이는 깨끗이 씻어 썬다.

4. 냄비에 물을 붓고 센 불에서 끓으면 만들어 놓은 국수를 넣고 삶은 뒤 찬물에 헹군다.

5. 그릇에 면을 담고 깻국을 부어준 후 찢은 닭고기 살과 오이를 고명으로 얹는다.

알아 두기

• 깨는 잘 볶아서 갈아야 깻국이 고소한데 덜 볶아서 갈면 국물이 쓴맛이 난다.
• 깨를 갈아서 고운체에 밭쳐야 국물이 고소하고 깔끔하다.
• 여름에는 깻국물에 수박이나 토마토를 넣어 시원하게 올린다.
• 얼음조각을 띄우기도 한다.

STORY

백마자는 흰깨를 말하는 것으로 『아름다운 세시음식』에 의하면 옛날 궁중이나 양반가에서는 여름 복날을 잘 지내면 청량한 가을을 맞는다고 하여 삼계탕과 임자수탕을 즐겨 먹었다고 한다. 백마자탕은 허로를 보하는 깨와 양기를 돋우는 닭을 결합시킨 음식을 먹으며 더위를 물리치고자 한 약선(藥膳)음식이라 할 수 있다.
『동의보감』에는 흰깨에 대하여 "성평(성질)이 허로를 보하고 오장을 윤이 나게 하며, 풍기를 소통하고 대장에 풍열이 결체한 것을 다스릴 뿐만 아니라, 소변을 이롭게 하고 열림을 다스린다. 또한 대변을 원활히 한다"라고 하였다.
참깨는 소화효소가 많은 반면 알맹이가 단단하여 그냥 먹는 것보다 갈아서 먹는 것이 훨씬 흡수율을 높이는데 깨를 갈아서 체에 내려 껍질을 거른 후 만드는 백마자탕의 조리법은 권할 만한 조리법이라 할 수 있다.

미역닭국수

원문 및 해석

用甘藿湯 調鷄肉以麵點水 熟而食之

미역국에다 닭고기를 섞고 국수를 넣어 익혀 먹는다.

재료 및 분량

육수 : 닭 1/2마리, 물 15컵
향채 : 마늘 10개, 파 1뿌리, 대추 5개, 통후추 1큰술
불린 미역 100g, 국수 200g
간장 1큰술, 소금 1작은술

만드는 방법

1. 닭은 내장과 기름을 떼어내고 깨끗이 씻어둔다.

2. 냄비에 물과 향채를 넣고 40분 정도 푹 삶아 살을 찢고, 육수는 식혀 기름을 면포에 걸러 육수를 만들어놓는다.

3. 불린 미역은 손질하여 3~4cm 정도로 자른다.

4. 냄비에 걸러놓은 닭육수와 불린 미역을 넣고 끓이다가, 찢어놓은 닭살과 국수를 넣고 국수가 익을 때까지 끓여준다.

5. 간장과 소금으로 간을 맞춘다.

알아두기

• 끓는 물에 닭을 한번 튀한다.
• 찢어놓은 닭살의 일부는 남겼다가 고명으로 얹는다.
• 요즈음은 닭고기 외에도 옥돔이나 참가자미를 넣고 끓이기도 한다.
• 미역국에 국수를 넣고 끓여서 맛이 별미이다.

STORY

미역닭국수는 단백질이 풍부한 닭으로 육수를 내고 무기질이 많은 미역국에 여름 제철을 맞은 밀국수를 넣고 삶아 만드는 음식이다.
『음식디미방』에서는 꿩을 주로 사용하였고, 『임원십육지』에서는 꿩·닭 등을 두루 사용하였다. 『동국세시기』에서는 닭을 많이 사용하고 있는데 이는 꿩 사냥이 점차 어려워지고 닭의 사육이 쉬워지면서 꿩 대신 닭을 쓰는 경우가 많았기 때문이다.
『동의보감』에 따르면 "닭고기는 독이 약간 있으나 허약한 몸을 보호하는 데 좋고 부족한 양기를 보하는 데 효과가 좋다"고 하였다. 따라서 미역닭국수는 더운 여름 체내 열을 내리고 부족한 단백질을 보충해 주는 우수한 음식이라고 할 수 있다.
현대에 이르러 여름에는 주로 닭칼국수를 먹는 시식 전통이 여기서 생긴 것으로 보인다.

유두국(流頭麴)

원문 및 해석

用小麥麵 造麴如珠形 名曰 流頭麴 染五色 聯三枚 以色絲穿而佩之 或掛於門楣以禳之

밀가루를 반죽하여 구슬 모양의 누룩을 만드는데, 이것을 유두누룩이라고 한다. 거기에다 오색 물감을 들여 세 개를 이어서 색실로 꿰어 차고 다니며, 더러는 문 위에 걸어 액을 막기도 한다.

재료 및 분량

밀가루 5컵
색내기 : 흑임자가루 3큰술, 치자물 5큰술, 쑥가루물 8큰술, 오미자물 5큰술
물 2컵
색실

만드는 방법

1. 밀가루를 1컵씩 나누어 각각의 밀가루에 색내기 재료를 넣고 잘 비벼 섞은 후 물을 넣어 반죽을 만든다.

2. 만든 반죽을 바둑알 크기(5g) 정도의 구슬 모양으로 만든다.

3. 만들어놓은 것을 색깔별로 세 개씩 색실에 꿴다.

알아 두기

• 구슬 모양의 누룩이 굳기 전에 실에 꿰어야 바늘이 잘 들어간다.
• 그늘에 말려야 갈라지지 않고 색이 잘 나온다.
• 흑임자가루는 다른 색 내는 재료와는 달리 가루를 사용하기 때문에 반죽할 때 다른 재료보다 물 양이 더 필요하다.

STORY

유두국은 "밀가루를 반죽하여 구슬모양의 누룩을 만드는데 이것을 유두국이라 하며 유두날에는 제액(際厄 : 액을 없앤다)의 의미로 오색 유두국을 색실에 꿰어 차고 다니거나 문에 걸기도 하고 선물한다"고 『**동국세시기**』에 나와 있다.

『**한국세시풍속사전**』에 따르면 일부 지방에서는 밀가루로 국수 또는 수제비를 뜯어 작물이 잘 자라기를 바라며 제를 지냈는데 이를 '유두고사'라 하였다

조선중기 성현의 『**용재총화**』에 따르면 "유두는 고려의 환관들이 동천에 머리를 감고 술을 마시던 풍속에서 유래하였으며 흐르는 물에 머리를 감았다 하여 '유두'라는 명칭이 생겼다"고 한다.

'유두연'이 언제부터 행해졌는지 알 수 없지만 '유두고사'를 지내고 물맞이와 탁족 놀이를 했던 것은 무더운 여름이 오기 전 작물이 잘 자라고 몸의 나쁜 것을 씻어내며 건강을 살피고 예방하기 위한 조상들의 지혜이다.

6
월

106
—
107

호박떡볶이

원문 및 해석

以南苽同猪肉 切白餅 爛煮 或入乾鯫魚頭 同煮

호박과 돼지고기에다 흰떡을 썰어 넣어 볶기도 하고 혹은 굴비대가리를 섞어 볶아먹기도 했다.

재료 및 분량

흰떡(떡볶이떡) 300g, 간장 1큰술, 참기름 1큰술
애호박 120g, 소금 1큰술
돼지고기 100g, 굴비 대가리 3개
양념장 : 간장 1½큰술, 설탕 1½큰술, 다진 파 1큰술, 다진 마늘 1/2큰술, 설탕 1½큰술
　　　　　참기름 1큰술, 후춧가루 1/8작은술
물 1/2컵

만드는 방법

1. 흰떡(떡볶이떡)은 길이 4~5cm 정도로 썰어 간장과 참기름으로 밑간을 한다.

2. 애호박은 길이로 2등분하여 반달 모양으로 썰어 소금에 절여 물기를 닦는다.

3. 돼지고기는 가늘게 채썰고, 굴비 대가리는 손질한다. 그릇에 양념장 재료를 넣고 양념장을 만든다.

4. 프라이팬에 돼지고기와 굴비대가리를 넣고 함께 볶다가 반쯤 익으면 흰떡과 애호박, 양념장, 물을 넣고 볶는다.

알아 두기

• 가래떡은 살짝 굳은 것이 썰기 쉬운데, 너무 단단하면 끓는 물에 데쳐서 사용한다.
• 가는 떡볶이떡이 없으면 흰 가래떡을 길이로 4등분하여 사용한다.
• 일반 떡볶기와 다르게 굴비 대가리가 들어가서 비릿하면서도 특별한 맛이 난다.

STORY

호박떡볶이는 흰떡과 애호박, 굴비 대가리를 넣고 볶은 것으로 별미이다.
유두절이 있는 여름은 애호박이 가장 맛이 좋은 때이며 수확도 많은 시기여서 **『동국세시기』**에서는 "흰떡과 애호박을 넣어 볶아 먹었다"고 기록되어 있다.
『시의전서』에서는 "떡을 탕무처럼 썰어 잠깐 볶고 가루즙은 넣지 않는다." 하였으며 **『주식시의』**에서는 "흰떡을 잘라 기름을 많이 두르고 소고기, 송이, 도라지, 달걀지단, 숙주나물을 썰어 장에 간을 맞춘다. 생강, 파, 후추, 잣가루, 김가루를 넣고, 애호박, 오이, 갖은양념을 넣는다"고 나와 있다.
호박은 임진왜란 이후 사찰의 승려들이 주로 먹어 '승소'라 불렸고 조선시대에 들어서면서 찜, 볶음, 찌개, 전, 부침개 등에 널리 이용되어 지금까지 여름철 대표 식재료로 사용되고 있다.

호박밀전병

원문 및
해석

小麥麵 拌南苽切片 油煮

밀가루에 호박을 썰어 넣고 반죽하여 기름에 지진다.

재료 및
분량

애호박 1개, 소금 1작은술
밀가루 2컵(180g), 소금 1작은술, 물 2컵
식용유

만드는
방법

1. 애호박은 채썰어 소금에 살짝 절여 물기를 뺀다.

2. 밀가루에 소금과 물을 넣고 묽은 죽 농도로 반죽을 한다.

3. 밀가루 반죽에 절여놓은 애호박을 넣고 잘 섞는다.

4. 팬을 달구어 식용유를 두르고 직경 7cm 정도의 크기로 지져낸다.

알아
두기

• 밀가루를 반죽할 때 아주 찬물을 넣고 오래 휘젓지 않아야 질감이 바삭하다.

• 밀전병을 지질 때 너무 낮은 불에서 지지면 기름이 많이 흡수되어 바삭하지 않다.

• 팬을 달군 뒤 기름을 넣고 전병 반죽을 넣고 지져야 기름 흡수가 적다.

• 밀전병 반죽에 수분이 적으면 전병이 뻣뻣하고 맛이 없다.

• 밀전병의 두께를 약간 도톰하게 지져낸다.

• 지진 다음 채반에 올려 식힌다.

STORY

호박밀전병은 여름에 나오는 애호박과 햇밀을 사용하여 기름에 지진 전병이다.
밀은 가을에 씨를 뿌리고 겨울과 봄을 지나서 6월에 수확하여 사계절의 기운(氣運)을 모두 담고 있는 음식이므로
몸에 좋은 식재료이다. 찬바람이 불기 시작하면 밀가루 음식은 철이 지나 밀 냄새가 난다고 하였으므로 6월이
밀음식의 제철이다. 호박은 여러 종류가 있으나 우리나라에서는 크게 분류하여 여름에는 애호박, 겨울에는
늙은호박(청둥호박)을 사용한다.
『예기(禮記)』에 "중하(仲夏)의 달에 농촌에서 기장을 진상하면 천자가 맛을 보기 전 먼저 종묘에 올린다고 하였다"
라고 기록되어 있다. 우리나라 또한 수확한 작물을 먹기 전 조상에게 먼저 올리는 제를 지내는 풍습이 있었는데
유두절 전후로 호박을 비롯한 여름에 수확한 작물로 음식을 만들어 차례를 지냈으며 이것을 '유두천신'이라 하
였다.

東國歲時記

1800년대 음식으로 들여다보는
선조들의 세시풍속

동국세시기

8월	• 황닭(黃鷄 : 누런 암탉) • 햅쌀술(新稻酒) • 오려송편(早稻松餅) • 무호박시루떡(菁根南苽甑餅) • 인절미(引餅) • 밤단자(栗團子) • 토련단자(土蓮團子)
9월	• 국화전(菊花煎) • 유자화채(柚子花菜)

황닭(黃鷄 : 누런 암탉)

원문 및 해석

十五日東俗稱秋夕 又曰嘉俳 肇自羅俗 鄕里田家爲一年最重之名節
以其新穀已登西成不遠 黃鷄白酒四隣醉飽以樂之

15일을 우리나라 풍속에서는 추석 또는 가배라고 한다. 신라 때부터 내려온 풍속이다. 고향 마을에서는 한 해의 가장 중요한 명절로 삼았으며, 새 곡식이 이미 익고 추수가 머지않았기 때문이다. 이날 사람들은 황닭(黃鷄)과 백주(白酒) 등으로 모든 이웃들과 실컷 먹고 취하여 즐겼다.

재료 및 분량

누런 암탉 1마리, 물 3L
소금 1작은술, 후춧가루 1/3작은술

만드는 방법

1. 닭은 내장과 기름을 제거하고 깨끗이 씻는다.

2. 닭은 몸을 바르게 하고 날개와 다리는 몸에 붙인다.

3. 냄비에 닭을 넣고 물을 넉넉하게 부어 80분 정도 삶는다.

4. 그릇에 담고 소금과 후춧가루를 함께 낸다.

알아 두기

• 처음에는 센 불에 올려 끓으면 중불에서 끓인다.
• 너무 오래 삶으면 살이 흩어지니 끓이는 시간에 주의한다.
• 예전에는 다 자란 토종닭으로 진계백숙(陳鷄白熟)을 많이 사용하였으나 최근에는 어린 닭으로 연계백숙(軟鷄白熟)을 많이 사용한다.

STORY

예로부터 삼복에 닭요리를 많이 먹었는데 이는 삼복이 쇠(金)의 기운이 있는 달이므로 평온한 흙(土)의 기운을 지닌 닭이 더위를 물리칠 것이라 생각했기 때문이다. 또한 닭의 울음소리가 밤새 활동하는 귀신을 쫓는다고 여겼기에 복달임음식으로 많이 쓰였다.

『식료찬요』에 "황자계육은 소화기능이 약하여 음식을 많이 먹지 못하고 몸이 쇠약해지며 마르는 것을 치료하려면, 누런 암탉 살코기를 삶아 익혀 공복에 먹는다." 하였다.

『동의보감』에 따르면 "황색의 암탉은 오장을 보익하고 정을 보할 뿐만 아니라 양기를 돕고 소장을 따뜻하게 한다"고 하였다.

닭은 삼국시대부터 식용되어 왔으며 『주방문』에서는 '연계찜', 『규합총서』에서는 '칠향계'라 기록되었으며 닭과 다양한 향채, 약재를 사용하여 중탕한 조리법이 나와 있다. 예전에는 다 자란 토종닭으로 진계백숙(陳鷄白熟)을 많이 먹었으나 최근에는 어린 닭으로 연계백숙(軟鷄白熟)을 만들어 먹는다.

햅쌀술(新稻酒)

원문 및 해석

賣酒家造 新稻酒…

술 파는 집에서는 햅쌀로 술을 빚는다.

재료 및 분량

밑술 : 햅쌀 500g, 누룩가루 200g, 밀가루 1/2컵, 끓는 물 5컵
덧술 : 햅쌀 1kg, 물 3컵

만드는 방법

1. 햅쌀을 깨끗이 씻어 5~6시간 정도 물에 불렸다가 건져 1시간 정도 물을 빼고 가루를 내어 김 오른 찜기에 올려 15분 정도 쪄서 백설기를 만들고, 끓는 물을 붓고 잘 풀어 백설기죽을 만든 뒤 차갑게 식힌다.

2. 식힌 백설기죽에 누룩가루와 밀가루를 넣고 고루 섞어 밑술을 빚어 술항아리에 담고 23~25℃에서 1~2일간 발효시킨다.

3. 햅쌀을 깨끗이 씻어 5~6시간 정도 물에 불렸다가 건져 1시간 정도 물을 빼고, 김 오른 찜기에 올려 1시간 정도 고두밥을 찐 뒤 채반에 펼쳐서 차게 식힌다.

4. 끓여 식힌 물과 고두밥에 밑술을 넣고 고루 버무린 뒤 덧술을 빚어 술독에 담아 23~25℃에서 20일 정도 발효시키고, 술이 맑게 고이면 용수를 박아 채주하고, 남은 술은 좋은 물을 부어가며 고운체에 걸러 막걸리로 마신다.

알아두기

• 술 담는 용기는 옹기항아리가 제일 좋다. 옹기항아리가 없을 경우 소독한 플라스틱 통이나 유리항아리 등을 쓰기도 하는데 뚜껑은 닫지 않고 면포를 덮어 발효시킨다.
• 용기는 최대한 잡균이 없도록 깨끗하게 소독한다.
• 술 담그는 쌀은 맑은 물이 나올 때까지 깨끗이 씻고 물기를 완전히 뺀 다음 잘 익도록 찐다.

STORY

신도주는 추석(음력 8월 15일) 차례상에 올라가는 술로 첫 추수한 햅쌀로 빚는 술을 신곡주, 백주라 부른다.
『**양주방**』에는 신도주의 한글 표기인 '햅쌀 술'이라 기록하고 햅쌀로 술 빚는 방법이 전해진다.
신도주는 『**조선무쌍신식요리제법**』에 처음 소개되는데 제조방법은 기록되지 않았다.
『**한국민속대백과사전**』에 따르면 "예로부터 그해 첫 수확물은 반드시 천신(薦新)하는 풍속이 있는데, 이때 햅쌀로 빚은 술을 차례상에 올린다"고 하였다.
햅쌀 술은 명절 대접음식으로 아주 많은 양을 빚기도 하는데 놀이패가 마을에 왔을 때 대접하며 후한 잔치를 벌이는 잔치술의 역할을 한다.

오려송편(早稻松餠)

원문 및 해석

賣餠家 造早稻松餠

떡 파는 집에서는 햅쌀로 송편을 만든다.

재료 및 분량

멥쌀가루 5컵, 소금 1/2큰술, 끓는 물 2/3컵
솔잎 300g, 참기름 1큰술
소 : 깨소금 1컵, 꿀 2큰술, 설탕 3큰술, 소금 1/4작은술

만드는 방법

1. 프라이팬에 깨를 볶은 뒤 빻아서 꿀과 설탕, 소금을 넣고 고루 섞어 소를 만든다.

2. 멥쌀가루에 끓는 물을 넣어 부드러워질 때까지 치댄 후 밤알만 한 크기로 떼어 둥글게 빚는다.

3. 둥근 반죽의 가운데를 엄지로 눌러 주머니를 만들어, 가운데 소를 넣고 오므려 눌러 예쁘게 반달 모양의 송편을 빚는다.

4. 김 오른 찜기에 솔잎을 깔고 빚어놓은 송편이 서로 닿지 않게 떡 한 켜, 솔잎 한 켜씩 올려 약 20분 정도 찐다. 찬물에 담갔다가 솔잎을 떼고 참기름을 발라서 그릇에 담는다.

알아 두기

• 송편 속에 넣는 소는 깨소 외에도 풋콩과 밤, 대추 등을 사용한다.
• 다 익은 송편을 찬물에 한번 헹궈 참기름을 바르면 송편의 표면이 매끈하고 식감이 쫄깃하다.
• 솔잎이 없을 경우 젖은 면포를 깔고, 위에는 마른 면포로 덮어 물기가 떨어지지 않게 찐다.
• 솔잎을 깔고 찌면 송편에서 솔향기가 나며 피톤치드가 있어 쉽게 상하지 않는다.

STORY

'오려'란 올벼를 뜻하는 말로 그해 추수한 햅쌀로 만든 송편을 오려송편이라고 한다.

송편은 떡이 붙지 않도록 떡 사이사이에 솔잎을 깔아 찌는 것으로 솔향이 은은하게 배어 맛을 좋게 하며 자연스럽게 새겨진 솔잎의 무늬가 멋스러우면서도 떡을 담았을 때 그릇에서 미끄러지지 않는 효과가 있으며 살균효과도 있어 더위가 남은 추석 날씨에도 송편의 부패를 막는 효과가 있다.

추석을 대표하는 음식인 송편을 언제부터 먹었는지는 정확히 알 수 없으나 『계산기정』의 기록을 보면 "19세기 고려병은 즉 송병으로 속절병 등이 있다. 고려보에서 파는 것인데, 우리나라 떡을 본떠서 만들었기 때문에 고려병이라 부른다." 하는 것으로 보아 송편은 고려 때부터 먹은 우리나라 대표 떡임을 알 수 있다.

무호박시루떡(菁根南苽甑餅)

원문 및 해석

賣餅家 造早稻松餅 菁根南苽甑餅

떡집에서는 햅쌀로 송편을 만들고, 무와 호박을 넣고 시루떡을 만든다.

재료 및 분량

멥쌀 5컵, 소금 1/2큰술, 물 1/2컵
무 100g, 늙은호박 100g, 소금 1작은술, 설탕 1큰술
팥고물 3컵

만드는 방법

1. 쌀가루에 소금을 넣고 물로 수분을 준 다음 체에 내린다.

2. 무는 채썰고 호박은 가름하게 썰어 소금과 설탕을 넣고 잠시 절여 수분을 뺀다.

3. 쌀가루에 수분 뺀 무채와 호박을 넣고 훌훌 잘 섞는다.

4. 시루에 버무려 놓은 쌀가루와 팥고물을 켜켜이 놓고 김 오른 찜통에 올려 20분 정도 찐다.

알아 두기

• 늙은호박 대신 단호박으로 해도 좋으며, 말린 호박고지를 넣어도 별미이다.
• 호박과 무에는 수분이 많이 함유되어 있으므로 쌀가루에 수분을 많이 주지 않도록 한다.
• 찹쌀가루에 멥쌀가루를 섞고 무 또는 호박을 넣고 시루떡을 찌기도 한다.
• 호박을 켜서 말릴 때는 가을 처서 무렵에 서리를 맞히며 말려야 호박고지가 달다.

STORY

무호박시루떡은 멥쌀가루에 납작하게 썬 늙은호박, 굵게 채썬 무를 잘 섞어 팥고물과 켜켜로 시루에 얹혀 찐 떡으로 『음식법』, 『시의전서』 등에 나온다.

『아름다운 세시음식』에 의하면 "음력 10월 첫 오일(午日), 말날(馬日)에 말을 위하는 풍속이 있었으며 말날 중에서도 무오일(戊午日)은 가장 좋다고 여겼는데 그것은 다섯 번째를 뜻하는 무(戊)가 '무성하다'는 뜻의 무(茂)와 음이 같아 무성하기를 기원하는 마음이 담겨 있다"고 한다.

『해동죽지』에는 "이날 '무'로 시루떡을 해서 마구간에 고사를 지내거나 집안 고사를 지낸다"고 하였다.

'가을무는 인삼 맞잡이'라 할 정도로 맛도 좋고 소화도 잘 되어서 몸에 좋으며 무로 만들어 '나복병'이라고 하였다.

호박은 그냥 저며서도 쓰지만 호박을 길게 켜서 서리를 맞히고 말린 호박오가리를 사용하면 무의 부드러움과 호박의 달큰하고 쫀득한 식감이 잘 어울린다.

인절미(引餠)

원문 및 해석

蒸糯米粉 打爲餻 以熟黑豆黃豆芝麻粉粘之 名曰 引餠 以賣之

찹쌀가루를 찌고 쳐서 떡을 만들고 볶은 검은콩가루, 누런 콩가루, 깨소금을 묻힌다.
이것을 인병이라 한다. 이것을 판매한다.

재료 및 분량

찹쌀가루 10컵, 소금 1큰술
누런 콩가루 1컵, 검은콩가루 1컵, 깨소금 1컵

만드는 방법

1. 찹쌀가루에 소금과 물을 넣고 잘 섞는다. 김 오른 찜기에 올려 20분 정도 찐다.

2. 잘 쪄진 떡을 절구나 안반에 놓고 떡메로 친다.

3. 잘 쳐진 떡을 편편하게 모양 잡아 먹기 좋은 크기로 썬다.

4. 썰어 놓은 떡이 뜨거울 때 고물을 묻힌다.

알아두기

• 찹쌀가루를 쪄내 뜨거울 때 안반에 놓고 쳐야 되며 반죽이 흰색에서 투명한 색으로 되면 완성된 것이다.
• 절구나 안반이 없으면 스테인리스 볼에 넣고 방망이로 치거나 조리대 위에 올려 치댄다.
• 인절미에 묻히는 고물은 취향에 따라 흰 거피팥고물, 붉은팥고물, 흑임자고물 등을 사용할 수 있다.

STORY

인절미는 찰진 떡이라서 잡아당겨 끊는 떡이라 하여 인절병(引切餠), 인절미(引截米)라 한다.
인절미의 유래는 『공주 쌍수정의 사적비』에 자세히 적혀 있는데 조선시대 인조임금이 이괄의 난을 피해 공주 쌍수정에 7일간 머물 때 임씨 농부가 올린 떡으로 그 맛이 아주 좋아 그 이름을 물으니 임씨가 만든 절미한 떡이라 하여 '임절미'라 한 것이 오늘날의 '인절미'로 바뀌었다고 한다.
『동의보감』에서 "찹쌀은 소화기관을 보하며 오장을 따뜻하게 하고 콩은 오장을 보호하고 위장을 따뜻하게 한다." 하였다. 찹쌀의 찰진 성질 때문에 각종 시험의 합격 떡으로 쓰거나 혼례 때 부부에게 찰떡같이 오래 살라는 의미로 찰떡을 나눈다. 또한 친정어미가 시집간 딸이 재행왔다가 시댁에 돌아갈 때 시어른들께 잘 봐달라는 입마개떡으로 만들어 보내기도 하였다.

밤단자(栗團子)

원문 및 해석

蒸糯米粉成團餅如卵 用熟栗肉和蜜附之名曰栗團子

찹쌀가루를 쪄서 달걀같이 둥근 떡을 만들고, 삶은 밤에 꿀을 넣고 고물을 만들어 붙인다. 이것을 율단자라 한다.

재료 및 분량

밤 20개, 꿀 3큰술
찹쌀가루 3컵, 소금 1작은술, 설탕 1½큰술, 물 2큰술

만드는 방법

1. 밤은 삶아 껍질을 벗긴 뒤 체에 내려 꿀을 넣고 고물을 만든다.

2. 찹쌀가루에 소금과 설탕, 물을 넣고 수분을 준 다음 김 오른 찜기에 올려 20분 정도 찐다.

3. 기름 바른 조리대 위에 찐 떡반죽을 쏟고 고루 치대어준 후 적당한 크기로 잘라 둥글게 빚는다.

4. 빚어놓은 떡에 밤고물을 묻혀 완성한다.

알아 두기

- 찐 떡을 안반에 올리고 떡메나 방망이로 꽈리가 일도록 오래 치면 떡의 질감이 더 좋다.
- 스테인리스 볼에 넣고 방망이로 쳐도 좋다.
- 계절에 따라 쑥단자 · 석이단자 · 은행단자 · 대추단자 등을 만들어 다양한 맛을 즐길 수 있다.

STORY

밤단자는 손이 많이 가는 고급떡으로 궁중이나 반가에서 추석 때 시절식으로 차례상에 올리고 가을과 겨울에 다과상에도 올린다.

『거가필용사류전집』에 '율단자'가 고려의 떡으로 소개되고 있어 고려시대 밤을 사용한 떡이 널리 이용되었음을 알 수 있다.

밤을 이용한 음식에 대한 기록으로 『증보산림경제』에 건율죽과 밤떡이 나와 있고 『규합총서』에는 밤조악, 『시의전서』에는 밤숙(지금의 율란)이 기록되어 있으며 여러 조리서에 다양한 조리법이 수록되어 있다.

『동의보감』에 의하면 밤은 가장 유익한 과일로 기를 도와주고 장과 위를 든든히 하며 신기를 보하고 배고프지 않게 한다고 하였다.

밤은 몸이 쇠약한 사람이나 밥맛을 잃은 사람이 먹으면 식욕이 생기고 혈색이 좋아진다 하였고 예전에는 산모가 젖이 부족할 때 아기에게 밤암죽을 끓여주었다 할 정도로 영양이 좋은 식품이다.

토련단자(土蓮團子)

● 원문 및 해석

按有土蓮團子如栗團子之法 皆秋節時食也

토련단자는 율단자 만드는 방법과 같다. 모두 가을철의 시절음식이다.

● 재료 및 분량

토란(중간크기) 10개, 꿀 2큰술
찹쌀가루 3컵, 소금 1작은술, 설탕 1½큰술, 물 2큰술

● 만드는 방법

1. 토란은 쪄서 껍질을 벗기고 채반에 잠시 말린 후 굵은체에 내려 꿀을 넣고 고물을 만든다.

2. 찹쌀가루에 소금과 설탕, 물을 넣어 수분을 준 다음 김 오른 찜기에 올려 20분 정도 쪄낸다.

3. 기름 바른 조리대 위에 찐 반죽을 놓고 고루 치댄 후 적당한 크기로 잘라 둥글게 빚는다.

4. 빚어 놓은 떡에 토란고물을 묻혀 완성한다.

● 알아 두기

• 찐 떡을 안반에 올리고 떡메나 방망이로 꽈리가 일도록 오래 치면 떡의 질감이 찰지고 좋다.
• 토란은 갈락탄과 뮤신이라는 성분 때문에 미끌미끌해 고물 만들기가 쉽지 않다.
  이번 단자는 찐 토란을 살짝 말려 굵은체에 내려 고물로 사용했다.
• 찹쌀가루를 찔 때 수분을 많이 넣으면 떡이 질어질 수 있으니 수분량에 주의한다.

STORY

토란(土卵)은 흙 속의 알이라는 뜻이며 연잎같이 잎이 퍼졌다 하여 토련(土蓮)이라 한다.
『동국세시기』에 "토련(土蓮)'이라 쓰며 '율단자'와 같이 고물로 만들어 쓴다." 하였고 이씨 소장본의 『주방(酒方)』에서는 "토란편법'이라 쓰며 무르게 쪄서 꿀에 말아 떡으로 빚되 절편같이 살에 찍어 약과같이 지져 먹는다"고 기록되어 동국세시기의 조리법과 큰 차이를 보인다.
『동국이상국집』에 "토란은 땅에서 나기 때문에 가을의 토기(土氣)를 가득 품고 있으며 영양이 많으며 소화성이 좋다"고 하였다.
1749년 영조때 조정준의 『급유방(及幼方)』에 의하면 "토란은 성미가 맵고 평하나 날것은 독이 있으니 끓여 먹으면 독이 없어진다고 하여 토란을 먹을 때는 반드시 익혀 먹어야 한다"는 것을 언급하고 있다.
토란탕, 토란찜, 토란전, 토란떡은 가을의 풍미를 느낄 수 있을 뿐만 아니라 토란국은 추석 절식으로 많이 사용한다. 토란 잎과 줄기는 말려두었다가 정월 대보름에 진채식(묵은 나물)으로 쓰인다.

국화전(菊花煎)

원문 및 해석

採黃菊花 爲糯米餻 與三日鵑花餻同 亦曰花煎

빛이 누런 국화를 따다가 찹쌀떡을 만든다. 방법은 3월 삼짇날의 진달래떡을 만드는 방법과 같다. 이것을 화전(花煎)이라 부른다.

재료 및 분량

찹쌀가루 5컵, 소금 1/2큰술, 끓는 물
국화꽃 20송이
꿀 1/2컵, 식용유 3큰술

만드는 방법

1. 찹쌀가루에 소금을 넣고 체에 내린 후 끓는 물을 넣어 익반죽을 하고, 직경 5cm 정도의 크기로 동글납작하게 빚는다.
2. 국화꽃은 물에 살짝 씻어 물기를 닦아놓는다.
3. 팬에 기름을 두르고 반죽을 놓고 지진 다음 뒤집어 익은 면에 꽃을 놓고 지진다.
4. 완성된 화전을 그릇에 담고 꿀을 묻혀 낸다.

알아 두기

• 국화꽃은 식용의 작은 감국(甘菊)을 사용한다. 팬에 지질 때 한꺼번에 너무 많이 올리면 서로 달라붙으니 서로 닿지 않게 알맞게 올려 지져낸다.
• 찹쌀반죽을 팬에 올려 지질 때 센 불에 올리면 부풀어올라 표면이 매끈하지 않으니 약불에 익힌다.
• 찹쌀반죽을 앞뒤로 고루 익히고 다 익은 다음 국화를 올려 수를 놓아야 꽃의 색이 변하지 않는다.

STORY

국화전은 9월 9일 양(陽)의 수가 겹치는 '중양절'의 절식이다.

『동국세시기』에 따르면 "9월 9일은 국화를 관상하는 날이요 또 국화로 만든 떡과 술 등을 만들어 먹는 풍습이 있다"고 하여 국화로 떡과 술, 차 등을 해먹었음을 알 수 있다.

국화는 특유의 향이 있어 음식에 다양하게 이용되었으며 가을이 되어야 만발하고 향이 좋으며 늦가을 서리 맞고도 화려함을 잃지 않는 까닭에 장수와 영초로서 선비들이 귀히 여겼으며 건강을 위한 약으로 쓰기 위해 국화전과 국화주를 빚었다.

『여유당전서』에 따르면 조선에서 이때 먹는 화고는 쌀가루를 익반죽한 것에 꽃을 붙여 기름에 지져먹는 유전(油煎)으로 중국의 것과 다르다 했다. 이러한 기록들을 볼 때 18세기 무렵의 중양절에는 국화전을 만들어 널리 먹었음을 알 수 있다.

유자화채(柚子花菜)

원문 및 해석

細切 生梨 柚子與石榴 海松子 澆以蜜水 名曰 花菜

잘게 썬 배와 유자, 석류, 잣 등을 꿀물에 탄 것을 화채라 한다.

재료 및 분량

유자 2개, 배 1개, 석류알 2큰술, 잣 1큰술

화채국물 : 물 4컵, 꿀 1컵

만드는 방법

1. 유자는 4등분하여 껍질을 벗겨 안쪽의 흰 부분을 얇게 저며내고, 노란 부분만 가늘게 채썰고, 배는 껍질을 벗겨서 곱게 채썬다.

2. 물에 꿀을 넣고 잘 섞은 후 유자속(유자과육)을 깨끗한 면포에 싸서 꼭 짠 뒤 즙을 넣고 잘 섞어 화채 국물을 만든다.

3. 화채 그릇에 채썬 유자와 배를 가지런히 돌려 담는다. 화채 국물을 살며시 부어 유자 향이 화채 국물에 우러나도록 30분 정도 냉장고에 차게 둔다.

4. 석류알과 잣을 화채 위에 띄운다.

알아두기

- 유자는 익히지 않고 생으로 먹는 것이므로, 깨끗이 씻어 식초물에 담갔다가 씻어 건져서 사용하거나, 굵은소금으로 문질러 깨끗이 씻어 사용한다.
- 꿀의 양은 식성에 따라 가감한다.
- 유자의 껍질이 부족하면 속껍질을 채썰어 함께 넣고 만든다.

STORY

유자화채는 재료를 익히지 않고 그대로 생과를 사용해서 만들었기 때문에 영양의 손실이 없고 신선도가 높은 선조들의 지혜로운 전통음료이다.

향이 짙은 유자는 음력 10월경이 제철인데 이때부터 유자화채를 만들어 즐기면 싱그러운 맛이 온 입안에 가득해서 하루 종일 오감을 만족시키는 가을철의 대표적인 음료이다.

『세종실록』에 의하면 호조의 계시로 전라도와 경상도에 유자를 심게 했다는 기록이 있다. 이외에도 『농정회요-유자차』, 『이조궁정요리통고-유자화채』 등이 전해져 내려온다. 조선시대 우리나라는 삼천리 금수강산으로 물맛이 좋아서 화채나 식혜, 수정과처럼 시원하게 마시는 음청류의 종류가 많은데, 다과상에 떡이나 한과와 함께 올리면 품격이 있다.

東國歲時記

1800년대 음식으로 들여다보는
선조들의 세시풍속

동국세시기

10월
- 붉은팥시루떡(赤豆甑餠) • 난로회 (煖爐會) • 열구자(悅口子·神仙爐)
- 우유죽(牛乳酪) • 변씨만두(卞氏饅頭) • 김치만두(菹菜饅頭)
- 꿩김치만두(雉肉菹饅頭) • 연포탕(軟泡湯) • 겨울쑥국(艾湯)
- 쑥단자(艾團子) • 밀단고(蜜團餻) • 호병·마병(胡餠·麻餠)
- 오색강정(五色乾飣) • 매화강정(梅花乾飣) • 잣강정(松子乾飣)

11월
- 새알심팥죽(赤豆粥) • 전약(煎藥) • 냉면(冷麵) • 골동면(骨董麪)
- 골동갱(骨董羹) • 동치미(冬沈) • 수정과(水正果) • 장김치(沈醬菹)
- 김치

12월
- 납육(臘肉)

붉은팥시루떡(赤豆甑餠)

원문 및 해석

午日 俗稱馬日 作赤豆甑餠 設廐中以禱神祝其馬健

오일(午日)을 말날이라 한다. 붉은팥으로 시루떡을 만들어 외양간에 갖다 놓고 신에게 기도하여 말의 건강을 빈다.

재료 및 분량

멥쌀가루 5컵, 소금 1/2큰술

시루번 : 밀가루 1/2컵, 물 3큰술

고물 : 붉은팥 2컵, 물 5~6컵, 소금 1/2큰술

만드는 방법

1. 멥쌀가루에 소금을 넣고 섞어서 물로 수분을 준 뒤 체에 내린다.

2. 팥은 물을 붓고 팥이 무를 때까지 약 50분 정도 삶는다. 팥이 거의 익으면 약한 불에서 뜸을 들인 후, 소금을 넣고 절구에 대강 찧어 고물을 만든다.

3. 시루에 시루밑을 깔고 팥고물을 뿌린 다음, 멥쌀가루를 3~4cm 두께로 수평으로 편편하게 안치고, 계속 팥고물과 멥쌀을 번갈아 켜켜이 안친 다음 면포로 덮는다.

4. 냄비에 시루를 올리고 둘레에 시루번을 잘 붙여준 뒤, 센 불에 올려 김이 오른 후 15분 정도 찐다.

알아 두기

• 팥이 너무 무르지 않도록 해야 하며, 뜸을 들일 때 타지 않도록 조심한다.

• 팥을 삶을 때 먼저, 팥의 좋지 않은 잡냄새와 사포닌을 제거하기 위해 물에 넣고 팥이 한소끔 끓으면 그 물을 버리고, 다시 찬물을 넣어 팥이 익도록 삶는다.

• 시루번은 밀가루에 물을 넣고 반죽하여 가늘고 길게 밀어 냄비와 시루 사이에 붙여 김이 새지 않도록 한다.

STORY

시루떡은 '증병'이라 하여 쌀가루에 붉은 팥고물을 켜켜이 넣고 찐 떡이다.

붉은 팥시루떡은 추수를 끝낸 후 상달에 동신제(洞神祭)를 지내는데 집안이 모두 평안하기를 기원하거나 마을 수호신에게 평온무사 및 풍년을 기원할 때 올리는 떡이다.

『조선상식문답』에서 "상달은 10월을 말하며 이 시기는 한 해 농사를 마무리하고 새로운 곡식과 과일들을 수확하여 먼저 하늘과 조상께 감사의 예를 올리는데 풍성한 수확과 더불어 신과 함께 인간이 즐기는 달이니 열두 달 가운데 가장 으뜸이라 생각하여 상달이라 하였다"라고 하였다.

동신제가 끝나면 집집마다 떡을 나누어 먹었는데 이는 고사떡을 마을 사람들과 두루 나누어 먹는 풍습으로 자리 잡게 되었다.

『시의전서』에는 팥찰편이 기록되어 있으며 『조선무쌍신식요리제법』에도 팥떡이 기록되어 있다.

난로회(煖爐會)

원문 및 해석

都俗熾炭於爐中 置煎鐵炙牛肉 調油醬 鷄卵 葱蒜 番椒屑圍爐啗之 稱煖爐會 自是月爲禦寒之 時食卽古之 煖暖會也

한양 풍속에 화로 가운데 숯불을 피워놓고 석쇠를 올려놓은 다음 쇠고기를 기름, 간장, 달걀, 파, 마늘, 후춧가루 등으로 양념하여 구우면서 화롯가에 둘러앉아 먹는데 이것을 **난로회**라고 한다. 이달부터 추위를 막는 시절음식으로 이것이 옛날의 **난란회**(煖暖會)이다.

재료 및 분량

등심 300g(또는 안심살, 대접살)
양념장 : 참기름 1큰술, 간장 1½큰술, 꿀 2/3큰술
　　　　　달걀 1개, 다진 파 1큰술, 다진 마늘 1/2큰술, 후춧가루 1/4작은술

만드는 방법

1. 등심을 얇게 저며서 부드럽게 잔 칼집을 내고, 그릇에 양념장 재료를 섞어 양념장을 만든다.
2. 그릇에 고기를 담고 양념장을 넣고 주물러 놓는다.
3. 숯불 위에 석쇠를 달궈 양념한 고기를 펴서 앞뒤로 굽는다.
4. 알맞게 구운 고기를 썰어 담아낸다.

알아 두기

- 고기를 구울 때 타지 않도록 주의한다.
- 양념한 고기를 구울 때 화로의 불 세기는 중약불이 되었을 때 구워야 잘 익고 타지 않는다.
- 석쇠가 잘 달궈진 후 굽는 것이 좋으며 자주 뒤집어주어 양념이 타지 않도록 구워야 고기가 타지 않는다.

STORY

여원명의 『세시잡기』에 "10월 초하루에 술을 거르고 고기를 화로에 굽고 마시며 씹는데, 이것을 '난로(煖爐)'라 한다"고 하였다. 중국 남송 맹원로의 『동경몽화록』에 "10월 초하루에 유사들이 난로와 술을 올리라고 하면 민가에서는 모두 술을 가져다 놓고 난로회를 했다"고 하였다.

화로에 솥뚜껑을 올려놓고 고기를 구워 먹는 일은 예전 여진족들이 사냥터에서 고기를 구워 먹던 '골식회'와 비슷하며 고기를 굽는 화로구이와 끓여 먹는 전골이 여기서 유래된 것으로 보인다.

『연암집-만휴탕기』에 적힌 일화를 보면 박지원이 벗과 함께 눈 내리던 날 화로를 마주하고 고기를 구우며 난로회를 가졌는데 온 방안이 연기로 후끈하고 파, 마늘 냄새, 고기 누린내가 몸에 배었다고 적혀 있다.

난로회는 한겨울 가까운 벗들과의 운치 있는 만남의 장이었다. 마음 맞는 벗을 만나 술잔을 나누고 시를 읊으며 고기를 굽는 조선시대 문인들의 겨울 풍경이 연상된다.

열구자(悅口子・神仙爐)

원문 및 해석

以牛猪肉 雜菁苽葷菜 鷄卵 作醬湯 有悅口子 神仙爐之稱

쇠고기, 돼지고기에 무, 오이, 훈채와 달걀을 섞어 장국을 만들어 먹는데 이것을 열구자 또는 신선로라 부른다.

재료 및 분량

육수 : 소고기 200g, 무 100g, 물 8컵
육수향채 : 파 1대, 마늘 3쪽
돼지고기 50g, 파 1/2대, 마늘 2쪽
편육양념장 : 청장 1/2작은술, 참기름 1작은술, 후춧가루 1/8작은술
오이 1/2개, 홍고추 2개, 식용유 1작은술, 소금 1/8작은술
미나리 20g, 달걀 3개
간장

만드는 방법

1. 냄비에 육수용 소고기와 물을 함께 넣고 20분 정도 끓이다가 무와 향채를 넣고 20분 정도 더 끓인 다음 쇠고기와 무는 건지고 국물은 걸러 육수를 준비한다. 돼지고기는 향채를 넣고 삶는다.
2. 삶은 쇠고기와 돼지고기는 편육으로 썰고 무는 건져서 나박썰어서 편육양념장으로 양념한다.
3. 오이와 홍고추는 골패모양으로 썰고, 달구어진 팬에 기름을 두르고 소금을 넣고 볶는다.
4. 미나리는 꼬치에 꿰어 밀가루와 달걀물을 입혀 초대를 부치고, 달걀은 흰자와 노른자를 각각 분리하여 도톰하게 지단을 부쳐 골패모양으로 썬다.
5. 신선로 밑에 양념해 놓은 무와 편육을 넣고 준비한 재료들을 돌려 담는다.
6. 준비해 놓은 육수에 간장을 넣고 간을 하여 끓으면 신선로에 부어낸다.

알아두기

• 육수를 끓일 때 고기를 먼저 끓이다 향채를 나중에 넣어야 잡내를 없앨 수 있다.
• 오이와 홍고추는 달군 팬에 소금을 넣고 살짝 볶아야 색이 곱다.

STORY

열구자탕(熱口子湯)은 입을 즐겁게 해주는 음식이라는 뜻이며 여러 가지 재료를 색을 맞추어 모양 있게 돌려 담은 열구자탕을 끓이는 그릇을 '새롭게 만든 화로'라는 뜻으로 '신설로' 또는 '신선로'라 하였다.
열구자탕이 등장한 최초의 문헌 기록은 **『수문사설』**이다. "커다란 합과 같이 특별하게 삶아 익히는 그릇이 있다. 겨울밤 야외의 전별연(餞別宴 : 보내는 쪽에서 예를 차려 작별할 때 베푸는 잔치) 모임에서 끓여 먹을 경우 심히 아름다울 것이다"고 기록되어 있다. **『원행을묘정리의궤』**에 열구자탕이 찬품으로 처음 등장한다. 궁중 잔치기록인 1902년 고종때 **『진연의궤』**에 나온 찬품단자의 열구자탕에는 25종류의 재료가 들어가는데 **『동국세시기』**에 "열구자탕은 쇠고기, 돼지고기, 무, 오이, 훈채, 달걀을 넣고 만들어 먹는다"고 기록된 것으로 보아 그 재료가 매우 소박한 편이다.

우유죽(牛乳酪)

內醫院 造牛乳酪 以進 自十月朔日至正月 又自耆老所 造酪
以養諸耆臣 至正月上元而止

내의원에서는 10월 초하루부터 이듬해 정월까지 우유죽을 만들어 임금에게 바친다.
또 기로소에 우유죽을 만들어 여러 기로소 신하들을 봉양하다가 정월 보름이 되어서
야 그친다.

재료 및 분량

쌀 1컵
믹서에 가는 물 : 물 1⅓컵
죽에 들어가는 물 : 물 3컵, 우유 4컵, 설탕 1/2큰술, 소금 1작은술

만드는 방법

1. 쌀을 깨끗이 씻어 물에 2시간 정도 불린 후, 체에 밭쳐 물기를 뺀다.

2. 믹서에 멥쌀과 물을 넣고 곱게 갈아서 체에 내린다.

3. 냄비에 갈아 체에 내린 멥쌀과 물을 붓고, 멍울이 생기지 않도록 잘 저으면서 끓인다.

4. 죽이 끓으면 우유를 붓고 고루 섞어 뚜껑을 덮고, 가끔 저으면서 죽이 어우러지도록 20분
   정도 더 끓이고, 설탕과 소금으로 간을 맞추고 2분 정도 더 끓인다.

알아 두기

- 잘 저어주며 끓여야 넘치지 않고 바닥에 눋지 않는다.
- 우유는 조금씩 나누어 붓고 저어가며 끓여주어야 덩어리가 생기지 않는다.
- 죽이 끓어 넘치지 않도록 조심해서 끓인다.

STORY

우유죽은 쌀가루에 우유를 넣고 끓인 죽으로 타락죽이라고도 한다.
『조선왕조실록』에 의하면 낙타, 물소, 소, 양, 말의 젖을 끓여서 발효시켜 만든 유장 또는 우유에 효(酵)를 넣고 발효시킨
일종으로 발효유를 '타락'이라고도 했다.
고려시대 몽골과의 교류 뒤에 국가의 상설기관으로 유우소 또는 목우소를 두어 우유를 왕실에 제공하였으며 제공된
우유는 『의방유취』, 『내국방』의 타락죽 재료가 되었다.
죽은 곡물에 물을 많이 붓고 끓여서 녹말이 충분히 호화된 유동식으로 몸이 허한 사람 또는 소화가 약한 노인을
공경하기 위한 음식으로 아침식사 전 초조반으로 드시게 하여 몸을 보하고 식욕을 돋우게 하는 음식으로 효의 미덕
을 다하였다.
조선시대 임금들은 새벽 초조반(初朝飯)으로 모두 우유죽을 드시고 건강을 지키셨다.

변씨만두(卞氏饅頭)

원문 및 해석

用蕎麥麵 造饅頭包 以蔬 葱 鷄 猪 牛肉 豆腐 爲餡 醬湯 熟食
又以小麥麵作三稜樣稱卞氏饅頭

메밀가루로 만두피를 만들고 채소, 파, 닭고기, 돼지고기, 소고기, 두부를 속에 싸서 뜨거운 장에 익혀 먹는다. 또 밀가루를 사용하여 세모꼴로 만들기도 하는데 이를 변씨만두라 한다.

재료 및 분량

닭 1마리, 물 8컵
메밀가루 1½컵, 소금 1/2작은술
돼지고기 60g, 쇠고기 60g, 두부 100g, 미나리 50g
양념 : 간장 2/3큰술, 다진 파 2작은술, 다진 마늘 1작은술, 후춧가루 1/8작은술, 참기름 1작은술
청장 2작은술, 소금 1작은술

만드는 방법

1. 닭은 내장을 빼내고 깨끗이 씻어 50분 정도 푹 삶아 육수를 만든다.
2. 메밀가루는 소금과 물로 반죽해서 30분 정도 두었다가 반죽을 밀어 얇게 정사각형으로 썰어 만두피를 만든다.
3. 돼지고기와 쇠고기는 곱게 다지고, 미나리도 다진다. 두부는 물기를 짜서 곱게 으깬다.
4. 그릇에 준비한 돼지고기, 쇠고기, 미나리, 두부와 양념을 넣고 양념하여 소를 만든다.
5. 준비한 만두피에 소를 넣고 터지지 않게 오므려 네 귀퉁이를 붙인다.
6. 냄비에 육수를 붓고 끓어오르면 청장과 소금으로 간을 맞추고 만두를 넣어 끓인다.

알아 두기

• 메밀가루는 고운체에 쳐서 소금과 물을 넣고 반죽한다.
• 메밀가루와 밀가루를 섞어서 반죽하기도 한다.
• 밀가루를 사용하여 만두를 만들기도 한다.

STORY

『규합총서』에는 '변씨만두'라는 이름으로 설명하면서 밀가루 반죽을 밀어 귀나게 썰고 소를 넣고 귀로 싸고 닭을 물에 삶아 육수로 쓰고 초장에 쓰라고 기록되어 있다.
변씨만두가 처음으로 기록된 『훈몽자회』에서는 '혼돈'을 만두라고 하면서 "즉, 변시"라고 하였다. 변씨만두의 유래에 대한 정확한 기록은 없으나 변씨 성을 가진 사람이 요리한 것으로 변씨만두라는 이름이 붙여졌다고 한다. 1719년 숙종때 『진연의궤』에는 '변시'와 비슷한 물만두를 '병시(餠匙)'라 하였다.
조선시대 조리서에서 나오는 만두는 수교위, 편수, 밀만두 등으로 다양하게 나타나 있다. 조리법은 비슷하나 다만 생김새를 다양한 모양으로 빚으면서 이름을 달리 불렀다. 지금 변씨만두라 부르는 만두는 없지만 조리형태로 보아 '편수' 또는 '병시'와 같은 음식으로 변화되었음을 짐작할 수 있다.

김치만두 (菹菜饅頭)

원문 및 해석

有粳餅雉肉菹菜饅頭,而菹菜最爲眞率之時食

멥쌀로 만든 떡만두, 꿩김치만두, 김치만두 등이 있는데, 그중 김치만두가 가장 수수한 시절음식이다.

재료 및 분량

밀가루 1½컵, 소금 1/2작은술
두부 100g, 배추김치 100g, 숙주 80g, 돼지고기 80g
양념 : 소금 1작은술, 다진 파 2작은술, 다진 마늘 1작은술, 참기름 2작은술, 깨소금 1작은술
초간장 : 간장 1큰술, 식초 1큰술, 물 1큰술

만드는 방법

1. 밀가루에 소금을 넣고 물로 반죽하여 30분 정도 숙성시킨다.

2. 배추김치의 줄거리와 잎사귀를 잘게 다져 물기를 꼭 짜고 숙주는 살짝 데쳐 잘게 썬다.

3. 두부는 물기를 제거하여 으깨고, 돼지고기도 잘게 다진다.

4. 그릇에 준비한 김치, 숙주, 두부, 돼지고기와 양념을 함께 넣고 주물러 소를 만든다.

5. 준비한 반죽을 얇게 밀어 만두피를 만들어 소를 넣고 오므려 붙인 다음 김 오른 찜기에 올려 쪄낸다. 초간장과 함께 낸다.

알아 두기

• 만두 속에 들어가는 김치는 잘 익은 김치를 넣어야 맛이 있다.
• 만두는 껍질이 얇고 소가 많이 들어가야 맛이 있다.

STORY

김치만두는 김치와 돼지고기, 갖은 채소를 소로 넣은 만두이며 『**동국세시기**』에서 "김치만두가 가장 수수한 음식이다." 하였다.

한국 속담에 '떡 먹자는 송편이요, 소 먹자는 만두'라는 말이 있듯이 만두는 껍질이 얇고 소가 많이 들어가야 맛이 있다. 지금도 김치만두는 아주 대중적인 음식이다.

만두의 근원지 중국에서는 소를 넣지 않고 찐 떡을 만두, 소를 넣고 찐 것을 교자(餃子)라고 불렀으며 우리나라에서는 소를 넣은 것만을 만두라고 부른다.

만두는 송나라 『**사물기원**』에 "제갈량의 '남만 정벌에 관한 고사'에서 유래되었는데 제갈량이 남만 정벌 후 돌아오는 길에 심한 풍랑을 만나자 아랫사람 종자가 사람의 머리 49개를 수신(水神)에게 바치는 제사를 지내야 한다고 했다. 이에 제갈량은 밀가루로 사람 머리 모양을 빚어 제사를 지냈더니 풍랑이 가라앉았다"고 한다.

중국의 만두는 여러 나라로 번져 각국의 다양한 음식으로 재해석되어 전해졌는데 우리나라 김치만두는 김치와 결합하여 얼큰한 만두로 탄생하게 되었다.

꿩김치만두(雉肉菹饅頭)

원문 및 해석

有粳餅, 雉肉菹, 菜饅頭, 而菹菜 最爲眞率之時食

멥쌀로 만든 떡만두, 꿩김치만두, 김치만두 등이 있는데, 그 중 김치만두가 가장 수수한 시절음식이다.

재료 및 분량

밀가루 1½컵, 소금 1/2작은술
육수 : 소고기(양지) 300g, 물 10컵
꿩고기김치 200g, 두부 80g, 숙주 80g, 미나리 30g
양념 : 소금 1/2작은술, 다진 파 2작은술, 다진 마늘 1작은술, 참기름 2작은술
　　　　꿀 1작은술, 후춧가루 1/8작은술
청장 2작은술, 소금

만드는 방법

1. 밀가루에 소금을 넣고 물로 반죽하여 30분 정도 숙성시킨다.
2. 냄비에 물과 쇠고기를 넣고 푹 삶아 육수를 만든다.
3. 꿩고기김치는 잘게 다지고, 두부는 물기를 짠 뒤 으깨고, 숙주와 미나리는 끓는 물에 살짝 데쳐 물기를 제거하고 다진다.
4. 그릇에 꿩고기김치와 두부, 숙주와 미나리를 넣고 양념을 넣고 잘 섞어 만두소를 만든다. 준비한 만두반죽을 얇게 밀어 둥글게 만두피를 만들고 만두소를 넣고 오므려 붙인다.
5. 냄비에 육수를 붓고 끓어오르면 청장과 소금으로 간을 맞추고 만두를 넣어 끓인다.

알아 두기

• 펄펄 끓는 물이나 끓는 장국에 넣어 삶되 한참 끓여서 익으면 국물에 떠오를 것이니 합이나 대접에 담고 뜨거운 국물을 붓고 양념을 얹어서 놓는다.
• 만두소 양념에 산초가루를 넣기도 한다.

STORY

꿩김치만두는 치육저(雉肉菹 : 꿩김치)를 다져 소를 만들고 만두를 빚어 국을 끓인 음식이다.
꿩이 흔하였던 조선시대에 궁중을 비롯한 한양(지금의 서울)에서 겨울철에 꿩만두를 즐겨 먹었다.
만두는 피와 소의 재료, 만두를 빚는 모양에 따라 다양한 이름을 가지고 있는데 안에 무엇을 채우고 껍질로 싼 것을 대부분 만두라고 한다. 우리 민족이 만두를 좋아하는 이유는 보자기같이 넓은 것에 싸서 먹으면 복이 들어온다는 기복사상 때문이기도 하다. 정초에 대만두라고 하여 만둣국을 먹는 풍속도 이러한 맥락에서 살펴볼 수 있다.
『음식디미방』에서는 "메밀가루로 풀을 쑤어서 반죽하고, 삶은 무와 다진 꿩고기를 볶아 소를 넣고 빚어 넣는다"고 하였다.
『규합총서』에 "꿩은 8월부터 3월까지 먹을 수 있고 나머지 달은 유독하며 맛이 없다"고 하여 먹는 시기를 알려주고 있다.

연포탕(軟泡湯)

원문 및 해석

用豆腐 細切 成串 油煮調鷄肉 作羹 曰 軟泡

두부를 가늘게 잘라 꼬챙이에 꿰어 기름에 부치다가 닭고기를 섞어 국을 끓인 것을 연포라 한다.

재료 및 분량

두부 180g, 참기름 3큰술
닭 1/2마리, 물 10컵
닭고기양념 : 청장 1작은술, 소금 1작은술
청장 1작은술, 소금 1/2작은술

만드는 방법

1. 두부를 막대 모양으로 썰어 3~4개씩 꼬치에 꽂아 달궈진 팬에 참기름을 넣고 앞뒤로 지져 낸다.

2. 닭고기는 내장을 빼내고 깨끗이 씻어 냄비에 물을 붓고 푹 삶아 잘 익은 닭은 건져 살만 찢어 닭고기양념에 양념하고, 국물은 청장과 소금을 넣고 간을 하여 육수를 만든다.

3. 냄비에 육수, 양념한 닭고기, 두부꼬치를 넣고 끓인다.

알아 두기

• 두부를 기름에 부치기 전에 소금으로 살짝 간을 하고 단단히 눌러 수분을 제거하면 두부가 단단해져 기름에 부치기 쉽다.
• 두부는 수분이 적고 단단한 부침용을 구입해서 사용한다.
• 두부를 부칠 때 달구어진 팬에 기름을 먼저 넣고 팬이 달아오른 후 부쳐야 바닥에 눌어붙지 않는다.

STORY

연포탕은 '연포(軟泡)로 끓인 국(湯)'이라는 뜻인데 연포가 바로 두부이며 연포탕은 두부장국을 가리키는 말이다. 『산가요록』에 '가두포'는 두부 만드는 법과 두붓국에 대한 기록에서 찾아볼 수 있고 수운잡방에도 두부 만드는 방법(취포 : 取泡)이 나와 있다.
우리 조상들은 두부를 잘 만들었고 그 맛이 매우 뛰어난 것으로 전해진다.
『한국세시풍속사전』에 따르면 옛날에는 초상집에 문상을 가면 육개장을 내오는 대신에 연포탕이 나왔으며 쌀쌀한 추위에 지인들이 둘러앉아 연포탕을 끓여서 먹는 놀이인 연포회 또한 10월의 세시풍속이라 하였다.
두부가 귀하던 시절 연포탕의 연포두부가 이름으로 앞서 나왔으나 현대에는 두부와 함께 낙지, 주꾸미 등 다양한 재료가 들어간다.

겨울쑥국 (艾湯)

원문 및 해석	採冬艾, 嫩芽調, 牛肉, 鷄卵 作羹 曰 艾湯 겨울 여린 쑥을 뜯어다가 쇠고기와 달걀을 넣고 만든 국을 애탕이라 한다.
재료 및 분량	쇠고기(양지) 100g, 물 8컵 **양념 :** 청장 1/2작은술, 다진 마늘 1/2작은술, 후춧가루 1/8작은술 쑥 150g, 달걀 1개 청장 2작은술, 소금 1작은술
만드는 방법	1. 쇠고기는 납작하게 썰어서 양념을 넣고 잘 섞는다. 2. 쑥은 연한 것으로 골라 씻어 물기를 빼고 달걀은 풀어놓는다. 3. 냄비에 양념한 고기를 넣고 볶다가 물을 붓고 30~40분 정도 끓인다. 4. 쇠고기 육수가 잘 우러나면, 손질한 쑥을 넣고 끓어오르면 달걀을 넣고 청장과 소금으로 간을 한다.
알아 두기	• 육수가 잘 우러나면 쑥을 넣는데 오래 끓이지 않고 잠시만 끓여야 색도 좋고 향도 좋다. • 어린 애쑥이 향이 진하고 맛이 있다. • 쑥은 중금속을 흡착하는 성질이 있어 중금속에 오염되지 않은 곳에서 채취해야 한다. • 겨울에 얼음과 눈을 밀치고 나오는 어린 쑥은 부드럽고 향도 좋으려니와 약용효과도 크다. • 쑥은 밥, 나물, 튀김, 떡, 과자 등 여러 가지 요리를 할 수 있다.

STORY

"여린 쑥과 쇠고기와 달걀을 넣고 만든 국이 애탕이다"라고 **『동국세시기』**에 나와 있다.
『음식디미방–쑥탕』에는 꿩고기를 다져 달걀에 씌워 고명으로 쓰고 국을 끓일 때 말린 청어로 육수를 내면 좋다고 하니 다양한 애탕이 만들어졌음을 알 수 있다.
『산림경제』와 **『규합총서』**, **『시의전서』** 등 고조리서 속 '애탕'은 쑥과 쇠고기를 다져 완자를 만들고 간장을 넣어 맑은 장국으로 끓였다.
『삼국유사–단군신화』에서 "호랑이와 곰이 사람 되기를 원할 때 쑥과 마늘을 복용했다"는 이 기록으로 볼 때 쑥은 오래전부터 식용되어 왔음을 알 수 있다.
쑥은 생명력과 번식력이 매우 강한 식물이며 메마른 땅에서도 잘 자라고 약효가 뛰어나서 '의초'라 불리기도 하였다.

쑥단자(艾團子)

원문 및 해석

搗入糯米粉 作團餼 以熟豆粉 和蜜粘之 曰艾團子

쑥을 찧어 찹쌀가루에 섞어 둥근 떡을 만들고 볶은 콩가루를 꿀에 섞어 바른 것을 애단자라 한다.

재료 및 분량

찹쌀가루 5컵, 소금 1/2큰술
데친 쑥 300g
고물 : 꿀 1/2컵, 볶은 콩가루 1컵
꿀 2큰술

만드는 방법

1. 찹쌀가루에 소금을 넣어 체에 내리고, 데친 쑥은 잘게 다진다.

2. 콩가루에 꿀을 섞어 콩고물을 만든다.

3. 체에 내린 찹쌀가루에 다진 쑥을 넣고 물로 수분을 준 다음 찜기에 젖은 면포를 깔고 김 오른 찜기에 올려 20분 정도 찐다.

4. 찐 떡을 방망이로 꽈리가 일 때까지 치댄다. 도마에 소금물을 바르고 떡을 쏟아서 둥글게 만들고, 꿀을 바른 후 만들어놓은 고물을 고루 묻힌다.

알아 두기

• 쑥은 억센 것보다 어린 쑥이 부드럽고 향이 좋다.
• 쑥은 연한 잎을 뜯어 끓는 물에 소금을 넣고 파랗게 데쳐 찬물에 헹군다.
• 떡이 쪄진 후 면포에서 잘 떨어지게 하려면 젖은 면포 위에 설탕을 뿌리고 떡가루를 안쳐 찐다.

STORY

단자는 계절에 따라 찹쌀가루에 쑥이나 밤, 대추, 토란, 은행, 석이 등을 넣어 여러 가지 맛을 내는 고급떡이다. 단자와 인절미는 비슷하나 인절미는 네모나게 만들고 단자는 인절미보다는 작게 타원형으로 만든다.
쑥으로 만든 단자는 『산림경제』에서 '청애단자'라고 처음으로 나오는데 이후 청애병, 애단자 등으로 불리며 『농정회요』, 『윤씨음식법』에 나타난 것으로 보아 당시 궁중이나 양반의 고급 떡이 점차 민간으로 전해져 쉬운 재료와 방법으로 변화한 것을 볼 수 있다.
민간에서 쑥떡을 만드는 풍습이 얼마나 성행했는지는 떡을 만들 때 쓰는 '떡메'보다 작은 방망이를 '쑥방망이'라고 할 만큼 민간에서는 친숙한 식재료였다.
쑥은 보통 봄에 많이 쓰이나 『동국세시기』에서는 10월 절식으로 삼았으니 겨울에 먹는 '애단자'는 쑥이 귀한 시기에 만들어 먹기 때문에 더욱 별미였을 것이다.

밀단고(蜜團餻)

원문 및 해석

糯粉 成團餻用 熟豆 和蜜發紅色 曰蜜團餻.

찹쌀가루로 동그란 떡을 만들어 삶은 팥고물에 꿀을 넣고 섞어 바르되 붉은빛이 나게 한 것을 밀단고라 한다.

재료 및 분량

찹쌀 5컵, 소금 1/2큰술
고물 : 붉은팥 2컵, 소금 1/2큰술, 꿀 2큰술

만드는 방법

1. 찹쌀가루에 분량의 소금을 넣고 뜨거운 물로 익반죽을 한 다음 직경 2cm 정도로 동그랗게 빚는다.

2. 팥은 깨끗이 씻고 냄비에 불을 붓고 끓어오르면 팥물을 따라 버리고, 다시 냄비에 물을 붓고 팥이 익도록 삶는다. 한 김 나가면 소금과 꿀을 넣고 섞어 체에 내려 팥고물을 만든다.

3. 냄비에 물을 넣고 끓어오르면 빚어놓은 경단을 넣고 저어가며 삶아, 익어서 떠오르면 건져서 찬물에 헹구어 물기를 뺀다.

4. 넓은 접시에 고물을 담고 물기 뺀 경단을 넣어 팥고물을 고루 묻힌다.

알아 두기

• 삶은 떡이 익어 뜨기 시작하면 바로 꺼내지 않고 잠시 뜸을 들인 후에 건지도록 한다.
• 팥고물을 만들 때 팥을 충분히 익혀 체에 내려주어야 잘 내려진다.
• 삶은 떡을 재빨리 찬물에 담가 식힌 다음 물기를 완전히 빼고 고물을 묻혀야 표면의 고물이 덩어리가 지지 않는다.

STORY

'단고'라는 명칭은 『**동국세시기-10월조**』의 절식으로 소개한 것 외에 어느 문헌에서도 찾을 수 없으나 동그랗게 구슬처럼 떡을 만들어 삶은 후 고물에 묻힌 형태가 지금의 경단과 닮았다. 일본에서도 찹쌀로 만든 경단을 단고 (だんご)라 부른다. 이것은 우리나라 단고에서 유래된 것으로 보인다.

밀단고는 구슬모양으로 동그랗게 삶은 떡을 '붉은색'으로 만들라고 하였는데, 이는 삶은 떡의 재료만 다를 뿐 지금의 수수경단을 만드는 조리법과 형태가 비슷하다. 차수수경단은 『**조선무쌍신식요리제법**』에 "차수수를 곱게 찧어서 가루 내고 다른 경단처럼 붉은팥이나 거피팥을 묻혀 먹으며 메수수로는 만들지 못한다. 어린아이를 위해 만들며 어려서부터 '적덕(積德 : 덕을 쌓는다)'을 하여야 한다는 의미로 쓰였고 민간에서는 '적덕'이 '붉은 떡'이라 고 생각하여 수수로 떡을 만든 것이다"라고 하였다.

밀단고의 조리법이나 형태를 보면 『**요록**』에 나오는 경단과 비슷하며 우리 선조들이 아주 예전부터 먹어온 초겨울 시식 중의 하나로 보인다.

호병·마병(胡餅·麻餠)

원문 및 해석

按 餅餌閒談 隋餅 以豆屑雜糖爲之 又以胡麻着之 名胡餅麻餅 亦類
此也 自是月爲時食市上多賣之

병이한담이란 책에 "수병(隋餅)은 콩가루에 엿을 섞어 만든 다음 이것에 참깨를 묻힌 것
으로, 그 이름을 호병 또는 마병이라 한다"고 하였는데, 이것 역시 이런 종류이다. 이것이
이달부터 시절음식으로 되어 시장에서 많이 판매한다.

재료 및 분량

참깨(실깨 한 것) 3/4컵
엿물 : 갱엿 270g, 물 3큰술
콩가루 2컵

만드는 방법

1. 참깨는 깨끗이 씻어 2시간 이상 푹 불린 다음 박박 문질러 씻어 겉껍질을 벗겨낸 후 물에
   헹구어 껍질을 내보내고 물기를 뺀 다음 볶는다.

2. 갱엿에 물을 넣고 중탕으로 녹여 엿물을 만든다.

3. 콩가루에 엿물을 넣고 되직하게 반죽하여 타원형으로 빚는다.

4. 빚어놓은 콩가루 반죽 표면에 엿물을 바르고 볶은 깨를 묻힌다.

알아두기

• 참깨는 물에 불려 문질러 껍질을 벗긴 뒤 물에 헹구어 껍질을 모두 나가게 하는데 이것을 "실깨"라고 한다.
• 참깨를 볶을 때 검은콩을 넣고 볶다가 콩이 익으면 참깨가 잘 볶아진 것이다.
• 엿물은 너무 되직하지 않은 것. 즉, 수저로 떠보았을 때 뚝뚝 떨어지는 정도의 엿물을 사용한다.
• 여름에는 날씨가 더워서 늘어지므로 엿물의 농도를 진하게 한다.
• 반죽의 농도를 보며 엿물양을 조절한다.

STORY

호마는 깨의 약재명으로 다른 이름으로는 유마(油麻), 지마(芝麻), 진임(眞荏) 등으로 불린다.
호병, 마병은 연감류함의 **『병이한담』**에 나오는 수병과 같다"고 하는데 현재 수병(隋餅)에 대한 기록은 없으나
중국음식에 소병(酥餅)이 존재한다.
『조선무쌍신식요리제법』에 '호마병'은 떡을 쪄서 깨를 고물로 묻혀 만든 떡으로 '깨떡' 또는 '깨찰떡'으로 나와
있고 **『동국세시기』**의 호병, 마병은 콩가루에 엿물을 넣고 뭉친 다음 겉에 깨를 묻힌 것이 다르다.
『동의보감』에 호마는 오장을 윤택하게 하여 밥을 짓거나 가루를 내어 늘 먹는 것이 좋은데 가장 좋은 것이 '흑임자'
라고 하였다.

오색강정(五色乾飣)

用糯米粉酒拌切片 有大小晒乾 煮油起酵如繭形 中虛 以炒白麻子 黑麻子 黃豆青
豆粉用飴 又搗入糯米粉 作團餻以熟豆粉 和蜜粘之 曰艾團子粘之 名曰乾飣

찹쌀가루에 술을 넣고 반죽하여 크고 작게 썰어서 이것을 햇볕에 말렸다가 기름에 튀기면 누에고치마냥
부풀어오르지만 그 속에 빈 공간이 생긴다. 이것에 엿물을 발라서 흰깨, 검은깨, 노란색 콩가루, 파란색 콩
가루 등을 붙인다. 이것을 **건정**이라고 한다.

찹쌀 5컵, 소주 3큰술, 꿀 3큰술
콩물 : 불린 흰콩 1/2컵, 물 1/2컵
튀김기름
강정시럽: 설탕시럽 3컵, 꿀 3컵
고물: 흑임자, 거피참깨, 노란 콩가루, 푸른 콩가루, 지초기름, 치자물

1. 찹쌀을 깨끗이 씻어 10~14일 정도 담가두고 골마지가 끼도록 삭혀 준비한다. 삭아서 골마지 낀 찹쌀은
   여러 번 깨끗이 씻어 건진 후 빻아 가루를 만들어 체에 내린다.
2. 불린 흰콩과 물을 넣고 갈아 콩물을 만든다.
3. 삭힌 찹쌀가루에 소주, 꿀, 콩물을 타서 조금씩 넣고 주걱으로 고루 섞듯이 반죽하여 김 오른 찜기에 올려
   20분 정도 찐 후, 그릇에 쏟아 방망이로 꽈리가 일도록 힘껏 치댄다.
4. 안반에 반죽을 펴 놓아 방망이로 얇고 판판하게 밀어 0.5㎝ 두께로 편 다음 약간 굳으면 길이 4㎝×4.5㎝
   정도로 썬다. 강정바탕은 채반 위에 한지를 깔고 반죽이 서로 붙지 않게 널어놓고 말린다.
5. 마른 강정바탕은 60~70℃의 미지근한 튀김기름에 5~10분 정도 담가 불린 후 120~130℃로 기름을 올려, 불려
   놓은 바탕을 뜨거운 기름에 넣고 부풀려 튀긴 후 건져 기름을 빼고 식힌다.
6. 냄비에 설탕시럽과 꿀을 넣고 끓여 강정시럽을 만든다. 강정시럽에 지초기름이나, 치자물을 섞어 붉은색
   이나 노란색으로 색을 들인다.
7. 튀긴 강정바탕을 강정시럽에 담갔다가 거피한 참깨나 흑임자, 노란 콩가루, 푸른 콩가루를 묻힌다.

• 강정을 말릴 땐 따뜻한 곳에서 바람이 들어가지 않도록 조심히 뒤집으며 말린다.
• 강정바탕을 튀길 때 오그라들지 않게 잘 눌러가며 튀기는데, 약 3배까지 부풀어야 강정이 연해진다.
• 원문에는 엿물을 사용하였으나 색을 내기 위해 강정시럽을 사용하였다.

STORY

오색 강정은 찹쌀로 만든 강정바탕을 기름에 튀긴 후 청(淸), 백(白), 적(赤), 황(黃), 흑(黑)의 다섯 가지 고물을 묻힌 것으로 화려하면
서도 각각의 맛이 달라서 다양한 맛이 가득한 한과이다. 『규합총서』에 "강정을 누에고치 같다 하여 '견병(繭餅)'이라고도 하며 '한구
(寒具)'라고도 한다"고 했다. '한구'는 중국 한나라 때 아침식사 전 입맛을 돋우는 음식으로 진나라 때 '환병', 당나라 때는 '면견'이
라 부르며 고려시대에 이르러 널리 먹었던 것으로 보인다. 『열양세시기』에 "민가에서는 선조께 제사에 있어 강정을 으뜸으로 삼았다."
하여 궁중 또는 주로 민간에서 의례음식으로 만들어졌음을 알 수 있다.

매화강정(梅花乾飣)

원문 및
해석

炒糯稻起作花樣飴粘 曰梅花乾飣 有紅 白兩色至于正朝春 節人家祭品參用
果列 亦以歲饌供客而爲 不可廢之需

찹쌀을 불에 튀겨 꽃모양을 만들고 엿으로 그것을 붙인 것을 매화강정이라 말한다. 또, 홍색과
벽색의 강정이 있다. 이것들은 설날과 봄철에 인가(人家)의 제물로 실과(實果) 행렬(行列)에 들며 세찬
(歲饌)으로 손님을 대접할 때도 없어서는 안 될 음식이다.

**재료 및
분량**

찹쌀 5컵, 소주 3큰술, 꿀 3큰술
콩물 : 불린 흰콩 1/2컵, 물 1/2컵
튀김기름
고물 : 찹쌀나락(찰벼) 튀긴 것 3컵, 지초기름
강정시럽 : 설탕시럽 3컵, 꿀 3컵

**만드는
방법**

1. 찹쌀을 깨끗이 씻어 10~14일 정도 담가두고 골마지가 끼면 여러 번 깨끗이 씻어 헹구어 빻아 체에 내리고, 불린 흰콩과 물을 넣고 갈아 콩물을 만든다.
2. 체에 내린 찹쌀가루에 소주, 꿀, 콩물을 타서 조금씩 넣고 주걱으로 고루 섞듯이 반죽한다. (덩어리로 뭉쳐지는 정도면 알맞다.)
3. 김 오른 찜기에 쌀가루를 안쳐 20분 정도 푹 쪄내고 큰 그릇에 쏟아 방망이로 꽈리가 일도록 힘껏 치댄다. 가끔 높이 끌어올려 떡 사이에 공기가 들어가도록 한다.
4. 안반에 반죽을 펴 놓아 방망이로 얇고 판판하게 0.5cm 두께로 밀어 편 다음 약간 굳으면 길이 2cm, 폭 2.5cm 정도로 썰고, 채반 위에 한지를 깔고 반죽이 서로 붙지 않게 널어놓고 갈라지지 않을 때까지 말린다.
5. 마른 강정바탕은 60~70℃의 미지근한 튀김기름에 5~10분 정도 담가 불린 후 120~130℃로 기름을 올려 불려놓은 바탕을 뜨거운 기름에 넣고 반 정도 부풀려 튀긴 후 건져 기름을 빼고 식힌다.
6. 찰벼를 말려서 뜨거운 가마솥에 넣고 저어주면서 볶으면 벼가 매화꽃처럼 튀겨져 찰벼튀밥이 된다. 냄비에 설탕시럽과 꿀을 넣고 끓여 강정시럽을 만든다.
7. 강정에 강정시럽을 바르고 매화꽃튀밥을 겉에 붙인다.

**알아
두기**

• 강정바탕을 튀길 때 모양이 똑바르게 되도록 숟가락으로 양끝을 누르면서 튀긴다.
• 붉은색이나 노란색 물을 들일 때는 집청에 지초기름이나 치자 우린 물 등을 섞어 색을 입힌다.
• 예전에는 붉은색을 들일 때 지초로 쌀에 물을 들여 색을 냈다.

STORY

매화강정은 모양이 마치 매화꽃을 닮았다 하여 매화강정이라 한다. 유과(油果)는 강정과 산자, 빙사과로 나뉘는데 『아언각비』에 "찰벼 껍질을 튀기면 그 살이 튀어 흩어지기 때문에 '산(橵)'이라 하며 이 산을 입힌 과자여서 산자(橵子)라고 한다"고 나와 있다. 『시의전서』에 매화강정은 "매화 밥풀을 강정 동강에 붙여서 홍·백 2가지로 한다"고 하였다. 색을 들일 때에는 지초로 쌀에 물을 들여 붉은색을 냈으며 이 모습이 복수화 꽃같이 아름답다.
『한국민속대백과사전』에 따르면 "조선시대에는 유과는 통과의례에 사용되는 음식이며, 궁중에서 다양하게 쓰였는데 조선시대 고종은 신정왕후 조대비의 팔순을 경하하기 위한 만경전 진찬에 삼색매화강정, 삼색세건반강정, 오색강정 등 다양한 유과를 높이 괴어 연회상에 올렸다"고 한다.

잣강정(松子乾飣)

원문 및
해석

以海松子 粘附 松子屑塗粘 曰松子乾飣

잣을 붙이거나 잣가루를 바른 것을 송자강정이라 한다.

**재료 및
분량**

찹쌀 5컵, 소주 3큰술, 꿀 3큰술
콩물 : 불린 흰콩 1/2컵, 물 1/2컵
튀김기름
강정시럽 : 설탕시럽 3컵, 꿀 3컵
고물 : 잣가루 또는 통잣

**만드는
방법**

1. 잣은 고깔을 떼어 마른 팬에 살짝 볶고 일부는 한지에 놓고 가루를 내어놓는다.
2. 찹쌀을 깨끗이 씻어 10~14일 정도 담가두고 골마지가 끼면 여러 번 깨끗이 씻어 헹군 뒤 빻아 체에 내리고, 불려놓은 흰콩과 물을 넣고 갈아 콩물을 만든다.
3. 체에 내린 찹쌀가루에 소주, 꿀, 콩물을 타서 조금씩 넣고 주걱으로 고루 섞듯이 반죽한다.(덩어리로 뭉쳐지는 정도면 알맞다.)
4. 김 오른 찜기에 쌀가루를 안쳐 20분 정도 푹 쪄내고 큰 그릇에 쏟아 방망이로 꽈리가 일도록 힘껏 치댄다. 가끔 높이 끌어올려 떡 사이에 공기가 들어가도록 한다.
5. 안반에 반죽을 펴 놓아 밀대로 얇고 판판하게 0.5㎝ 두께로 밀어 약간 굳으면 길이 3㎝, 폭 0.6㎝ 정도로 썰고, 채반 위에 한지를 깔고 반죽이 서로 붙지 않게 널어놓고 갈라지지 않을 때까지 말린다.
6. 마른 강정바탕은 60~70℃의 미지근한 튀김기름에 5~10분 정도 담가 불린 후 120~130℃로 기름을 올려 불려놓은 바탕을 뜨거운 기름에 넣고 부풀려 튀긴 후 건져 기름을 빼고 식힌다.
7. 냄비에 설탕시럽과 꿀을 넣고 끓여 강정시럽을 만든다.
8. 튀겨진 강정에 강정시럽을 묻힌 후 잣가루나 통잣을 묻힌다.

**알아
두기**

• 잣가루는 기름을 잘 제거하여 가루를 만들어야 튀겨진 강정에 바를 때 뭉치지 않고 잘 발라진다.
• 송자강정은 표면에 강정시럽을 바르고 잣을 붙인다.

STORY

잣강정은 튀긴 강정에 잣가루를 내어 고물로 묻혀 쓰거나 잣알을 하나씩 붙여 만든 한과이다.
잣은 잣나무의 열매로 한자로 해송자, 송자, 실백, 백자라 부른다.
중국 당나라 이순의 **『해약본초』**에 "신라의 잣은 맛이 달고 좋으며 성질이 매우 따뜻하다. 풍에 효과가 있고 위장을 따뜻하게 한다"고 기록된 것으로 보아 오래전부터 잣은 약선식품으로 먹었으며 우리나라의 잣은 품질이 아주 좋음을 알 수 있다.
이렇듯 좋은 잣을 붙인 잣강정은 고소하고 황금 빛깔만큼이나 귀한 자리에서 귀한 대접을 받는 한과이다.

새알심팥죽(赤豆粥)

원문 및 해석

冬至 日稱亞歲 煮赤豆粥用糯米粉 作鳥卵狀投其中 爲心和蜜 以時 食供

동짓날을 작은 설이라고 한다. 이날 팥죽을 쑤어먹는데 찹쌀가루를 쪄서 새알모양으로 만든 떡을 죽 속에 넣어 새알심을 만들고 꿀을 타서 시절음식으로 삼았다.

재료 및 분량

붉은팥 2컵, 찬물 15컵
찹쌀가루 1컵, 소금 1/2작은술, 뜨거운 물 2큰술
소금, 꿀

만드는 방법

1. 팥은 씻어서 냄비에 담고 물을 부어 푹 무를 때까지 중약불에서 50분 정도 끓인다.

2. 찹쌀가루에 소금을 섞고, 뜨거운 물로 익반죽한다. 지름 1.5cm 정도로 새알심을 동그랗게 빚는다.

3. 삶은 팥은 뜨거울 때 나무주걱으로 으깨어 체에 내린 다음 냄비에 넣고 중간불에서 끓인다.

4. 바닥에 눌어붙지 않도록 저으면서 끓이다가 준비한 새알심을 넣고 10분 정도 더 끓인다. 소금과 꿀을 넣고 간을 맞춘다.

알아 두기

• 새알심은 뜨거운 물로 익반죽해서 만들어야 반죽이 잘 되고 쫄깃하다.
• 새알심을 넣고 너무 오래 끓이면 풀어지니 익히는 시간에 유의한다.
• 요즘은 푹 삶은 팥을 믹서에 갈아 껍질까지 사용하기도 한다.
• 팥을 압력솥에 넣고 삶으면 빨리 삶아진다.

STORY

새알심팥죽은 찹쌀가루를 익반죽하여 새알 모양으로 만들어 팥죽 속에 넣은 것으로 동짓날의 절식이며 동지팥죽 이라고 한다.

『형초세기기』에 따르면 "중국 진나라 때 공공씨에게 바보 아들이 있었는데 그 아들이 동짓날에 죽어 역질 귀신이 되었다고 했다. 아들은 생전에 붉은 팥을 싫어했으므로 음기가 가장 강한 동짓날에 팥죽을 쑤어 역질 귀신(전염병을 뿌리는 귀신)이 오지 못하게 하는 것이다"라고 그 유래를 설명하였다.

예로부터 동짓날 팥죽을 쑤고 집안 곳곳에 뿌려 집안의 잡귀를 물리치고 재앙을 면하는 풍습 또한 이것에서 비롯되었음을 알 수 있다.

『아름다운 세시음식』에 동지는 밤의 길이가 낮의 길이보다 길어지는 때로 양력 12월 22일 즈음으로 음력이 정해져 있지 않으며 동짓날이 음력 초순에 들면 애동지, 중순에 들면 중동지, 하순에 들면 하동지라 하였다.

설날 떡국 먹듯 아세(亞歲 : 작은 설)인 동지에도 새알심을 나이만큼 먹어야 한 살을 먹을 수 있다고 전해 내려온다.

전약(煎藥)

원문 및 해석

원문 및 해석

內醫院以桂椒糖蜜用牛皮煮成凝膏名曰煎藥以進

내의원에서는 계피, 산초, 엿, 꿀 등을 쇠가죽과 함께 넣고 불에 오래 고아서 응고상태로 만든 전약을 진상한다.

재료 및 분량

쇠족 1kg, 쇠가죽 300g, 튀하는 물 10컵
삶는 물 20컵
향채 : 생강 100g, 통후추 6g
대추 48g, 계피 6g, 산초 1g
꿀 20g, 엿 60g
잣 1큰술

만드는 방법

1. 쇠족은 길이 5cm 정도로 잘라 찬물에 담가 핏물을 뺀다.

2. 냄비에 물을 넣고 끓으면 쇠족과 쇠가죽을 넣고 5분 정도 삶아 튀한다.

3. 냄비에 물을 붓고 준비한 쇠족과 쇠가죽을 넣고 센 불에서 끓으면 중불로 낮춰 거품과 기름기를 걷어내며 3시간 끓인 다음 향채를 넣고 1시간 30분 정도 더 끓인다.

4. 쇠족이 푹 삶아지면 대추, 계피, 산초를 넣고 1시간 정도 더 끓인 후 꿀과 엿을 넣고 잘 섞은 후 굵은체에 거른다.

5. 사각틀에 쏟아붓고 위에 잣을 뿌려 굳혀 가로 3cm, 세로 5cm, 두께 0.7cm 정도로 썬다.

알아 두기

• 오래 끓이다가 묵처럼 걸쭉해지기 시작하면 눌어붙지 않도록 잘 저어주어야 한다.
• 사각틀에 넣을 때 기포가 생기지 않도록 넣는 것이 중요하며 위에 잣고명은 표면이 조금 굳은 뒤에 놓아야 잣이 잠기지 않고 모양이 살아 있다.

STORY

전약은 쇠가죽과 계피, 산초, 엿, 꿀 등을 함께 넣고 오래 고아서 묵처럼 만든다.
『동국세시기』에 "동지에 내의원에서 전약을 만들어 진상하였으며 궁중에서 만든 전약은 워낙 맛이 좋아 특별한 날에 신하들에게 하사했다. 중국이나 일본의 사신들이 왔을 때 대접의 음식으로도 쓰였다"고 기록되어 있다. 1610년 광해군때 『영접도감의궤』에 따르면 "사신 접대의 음식으로 전약이 긴요하게 쓰였으며 내의원에서는 항시 준비하였다"고 했다.
전약을 맛본 사신들이 청나라로 가져가지 못함을 안타까워했다 하니 그 맛이 특별했음을 알 수 있다. 전약은 『군학회등』, 『시의전서』, 『규합총서』, 『조선요리제법』에 기록되어 있으며 시대가 변함에 따라 전약에 사용되는 향료는 줄어들고 아교의 양이 늘어난 것을 볼 수 있다. 이것은 전약이 독특한 향을 지닌 부드러운 묵의 형태에서 은은한 향을 지닌 젤리의 식감으로 변하게 된 것이다.

냉면(冷麵)

원문 및
해석

用蕎麥麵沈菁菹 菘菹 和猪肉 名曰 冷麵
關西之最良

메밀국수를 무김치와 배추김치에 말고 돼지고기를 삶아 썰어 넣은 것을 냉면이라고 한다.
관서(평안도)의 냉면을 으뜸으로 친다.

재료 및 분량

돼지고기 300g, 물 15컵, 파 1뿌리, 마늘 3쪽
배추김치 2줄기
동치미무 1개
오이 1개, 소금 1/2작은술, 배 1/2개, 달걀 2개, 잣
메밀국수
냉면 육수 : 육수 5컵, 동치미 국물 5컵, 소금 1큰술, 식초 2큰술, 설탕 2큰술
겨자즙, 식초 적당량

만드는 방법

1. 돼지고기는 덩어리째 씻어서 끓는 물에 넣고 파, 마늘과 함께 삶는다. 고기는 건져서 면포로 싸서 눌러 편육으로 썰고, 육수는 식혀서 기름을 걷어내고 차게 식힌다.
2. 배추김치 줄기는 골패 모양으로 썰고, 맛과 모양을 좋게 하기 위해 배와 삶은 달걀을 더 준비한다.
3. 차가운 육수와 동치미 국물을 반씩 섞고 소금, 식초, 설탕으로 간을 맞춰 냉면국물을 만든다.
4. 메밀국수는 끓는 물에 삶아 냉수에 여러 번 헹구어 사리를 만들어 채반에 건진다.
5. 대접에 물기 빠진 메밀국수를 담고 위에 편육 등 준비한 고명을 고루 얹고 냉면육수를 살며시 붓는다. 매운맛을 낸 겨자즙과 식초 등을 함께 낸다.

알아두기

• 고기 육수는 차게 식힌 뒤 면포에 걸러야 기름이 깨끗하게 걸러져 육수맛이 담백하다.
• 냉면 국수를 삶아 찬물에 여러 번 헹구어 얼음물에 잠시 담가 식히면 식감이 쫄깃하다.
• 동국세시기에는 메밀국수에 돼지고기, 무김치, 배추김치를 올렸다.

STORY

냉면은 『시의전서』에 처음으로 기록되어 있으며 『주식시의』, 『규곤요람』에서도 물김치에 국수를 말아먹는 물냉면의 형태로 기록되어 있다. 『동국세시기』에서는 "관서(평안도)의 냉면을 으뜸으로 친다." 하였으니 이는 지금의 평양냉면과 뿌리가 같다고 할 수 있다.
『진찬의궤』나 『진연의궤』에 궁중의 잔치 고임상에 반드시 국수를 내었는데 대부분이 온면이었으나 '순조의 비 육순잔치'와 '경복궁 재건을 축하하는 자리'에는 냉면을 내었으며 고종의 겨울 야참 중 하나로 기록되어 있다.
지금도 많은 사람들이 즐겨 먹는 냉면은 무더운 여름을 나기 위한 여름 음식이 되었지만 과거에는 추운 겨울 따듯한 아랫목에 앉아 이가 시리도록 차게 먹을 수 있었던 이냉치냉(以冷治冷)의 별미였다.

골동면(骨董麵)

원문 및 해석

和雜菜 梨栗牛猪切肉 油醬 於麵 名曰 骨董麵

잡채와 배, 밤, 쇠고기, 돼지고기 썬 것과 기름, 간장을 메밀국수에 섞은 것을 골동면이라 한다.

재료 및 분량

메밀국수 400g, 쇠고기(채썬 것) 50g, 돼지고기(채썬 것) 50g, 배 1/2, 밤 5개

잡채 : 숙주나물 150g, 미나리 100g, 당근 80g, 고추(채썬 것) 50g, 달걀지단 20g

비빔양념간장 : 간장 3큰술, 설탕 2큰술, 참기름 2큰술, 깨소금 1큰술

소고기 · 돼지고기 양념 : 간장 1큰술, 설탕 1/2큰술, 다진 파 2작은술

　　　　　　　　　　　　　다진 마늘 1작은술, 참기름 1작은술, 깨소금 1작은술, 후춧가루 약간

만드는 방법

1. 쇠고기와 돼지고기는 핏물을 닦고 가로 5cm, 세로 4cm, 두께 0.2cm로 썬 다음 고기양념을 넣고 각각 주물러 놓는다.

2. 달구어진 프라이팬에 양념한 쇠고기를 넣어 구워내고 돼지고기를 넣고 굽는다.

3. 잡채는 숙주나물과 미나리, 당근채나물, 고추채, 지단채를 조리법대로 만들어놓고 배와 밤도 채썬다.

4. 끓는 물에 메밀국수를 넣고 삶아서 찬물에 헹구어 물기를 뺀 다음 비빔양념간장을 넣고 비빈다.

5. 그릇에 담고 준비한 잡채와 쇠고기, 돼지고기, 배채, 밤채를 올리고, 비빔양념간장과 함께 낸다.

알아 두기

- 쇠고기는 살짝 굽고 돼지고기는 바짝 굽는다.
- 메밀국수를 삶고 물기를 충분히 뺀 뒤 비빔양념간장을 넣고 비빈다.
- 비빈 채 오래 두면 국수가 불어 맛이 없으니 먹기 직전에 비벼낸다.

STORY

'골동면'이란 골동과 면의 합성어로 여러 가지가 재료가 섞인 비빔국수를 뜻한다.

초반의 골동면은 갖은 잡채에 교맥면(메밀면)을 양념간장과 섞어 먹는 것에서 비롯되었으며 『동국세시기』에서 냉면과 함께 설명한 골동면은 교맥면에 갖은 잡채의 식재료까지 자세히 기록하고 있는 것으로 보아 비빔냉면과 그 맥을 같이한다.

『시의전서』의 비빔국수에서는 고춧가루와 깨소금을, 『부인필지』에는 초장을 넣는 등 점차 고추를 사용하여 매콤한 양념에 섞어 먹는 것으로 변화되어 지금의 비빔냉면 형태가 되었음을 알 수 있다.

『아언각비(雅言覺非)』에서 메밀의 한자어는 교맥(蕎麥)이며 조선에서는 '모밀'이라 부른다고 적었다. 쌀이 부족한 북쪽 지방에서는 메밀을 이용한 다양한 음식이 많았는데 그중 냉면은 북쪽 관서지방이 유명했으며 이때쯤 기록된 평양지도 『기성전도(箕城全圖)』에는 냉면의 거리가 표시되어 있다.

골동갱(骨董羹)

원문 및 해석

按羅浮 潁老 取諸飲食雜烹之 名曰 骨董羹

나부에 사는 영로가 여러 가지 음식을 먹을 때 여러 가지를 한꺼번에 뒤섞어 삶아서 골동갱이라 하였다.

재료 및 분량

갈비 500g, 양지육 250g, 무 1/2개
고사리 100g, 숙주 150g, 대파 3대
청장 1큰술, 소금 2작은술, 후춧가루 1/4작은술, 다진 마늘 1큰술

만드는 방법

1. 갈비와 양지육은 핏물을 빼고 3시간 정도 삶다가 통무를 크게 잘라 넣고 무가 거의 익을 정도로 삶는다.

2. 고사리와 숙주, 대파를 손질하여 깨끗이 씻는다.

3. 갈비와 양지국물에 무가 거의 익으면 건져서 나박 썰어놓고 고사리·숙주·대파를 넣고 끓인다.

4. 익으면 청장과 소금, 후춧가루, 다진 마늘을 넣어 간을 하고 한소끔 더 끓인다.

알아 두기

- 물에 갈비와 양지육을 넣고 여러 번 헹궈 핏물을 완전히 빼내야 고기 국물이 맛이 있다.
- 먼저 갈비와 양지육을 넣고 푹 끓이다가 고기 국물이 잘 우러나오면 채소를 넣고 끓인다.
- 채소에 고기 국물이 배어들어 맛이 있다.
- 골동갱이란 육류에 여러 가지 채소를 넣어 끓인 일종의 잡탕이다.

STORY

'골동갱'이란 다양한 음식을 섞어 조리한다고 하여 '골동'이란 말을 붙였으며 세상이 어지러울 때에도 사람들은 '골동 같은 세상'이라 하였다.
중국 명나라 동기창의 『골동십삼설』에서는 "분류가 되지 않는 옛날 물건들을 통틀어 골동(骨董)이라 부르며 여러 가지 식재료를 혼합하여 조리한 국을 골동갱이라 하고, 밥에 여러 가지 음식을 섞어서 익힌 것을 골동반이라 하였다"고 한다.
『구지필기』에 따르면 "나부(羅浮)에 사는 노인이 여러 음식을 얻은 후 모두 섞어서 끓여 먹었는데 이를 '골동갱'이라 불렀다"고 하였다.
『한국민속대사전』에 따르면 "예로부터 섣달 그믐날에는 잠을 자지 않고 집안 청소를 깨끗이 하며 새해 맞을 준비를 하는 것과 같이 묵은 음식들을 한데 넣어 국을 끓여 먹고 새해에는 새 음식을 마련하여 먹었는데 이는 묵은 것을 털고 새해를 맞이하기 위한 송구영신(送舊迎新)의 마음이 담겨 있다"고 한다.

동치미 (冬沈)

원문 및 해석	取蔓菁根小者 作葅 名曰冬沈
	작은 무로 담근 김치를 동침이라 한다.

재료 및 분량	무(작고 단단한 것) 6개, 굵은소금 1컵
	실파 10줄기, 마늘 8쪽, 생강 4톨, 삭힌 고추 100g
	소금 1컵, 물 25컵

만드는 방법

1. 크기가 작고 모양이 좋은 무를 깨끗이 씻고 잔털을 떼어낸 다음 굵은소금을 뿌려 절인다.

2. 실파는 깨끗이 씻어 몇 가닥씩 묶고, 마늘은 도톰하게 저미고, 생강은 얇게 저미고, 삭힌 고추와 함께 작은 면주머니에 넣고 묶는다.

3. 물에 소금간을 하여 체에 밭쳐 항아리에 붓고 뚜껑을 덮고 익힌다.

알아두기

• 동치미를 담글 때 배와 유자를 함께 넣으면 그 맛과 향이 뛰어나다.
• 동치미 국물에 백청(꿀)을 타고 석류와 잣을 띄워 먹으면 좋다.
• 동치미 무는 씻어서 껍질을 벗기지 않고, 잔털만 떼어서 사용해야 국물의 맛이 탁하지 않고 맑다.
• 동치미를 담고 파뿌리를 위에 올려 덮으면 골마지가 생기지 않는다.

STORY

'동치미'는 작은 무를 소금에 절인 후 여러 가지 향채를 넣고 소금물을 가득 부어 만든 겨울 물김치이다.

『**주찬**』에 '동침저'라고 기록되어 있는데 이는 凍(얼 동), 沈(잠길 침), 葅(채소절임 저 : 김치)로서 언 물에 잠긴 절인 김치 또는 겨울 언 물에 담가 먹는 김치라 해석하며 겨울철 살얼음이 낀 동치미 국물이 특징이다.

동치미는 주로 작은 무를 사용하여 담그며 북쪽으로 올라갈수록 국물이 많아지는 조리법을 보이고 해남에서는 유자를 넣기도 하는데 이는 『**규합총서**』의 조리법과 같다.

동치미는 한자어 '동침'을 쉽게 '동침이' 또는 '동치미'라 부르며 생긴 이름이다.

겨우내 잘 익어 새콤달콤한 살얼음이 동동 뜬 동치미 국물은 국수를 말아 냉면으로 먹는 겨울의 별식이기도 하지만 연탄이 연료로 사용되던 시절에는 연탄가스 중독의 민간요법으로 유행하기도 하였다.

수정과(水正果)

원문 및 해석

以乾柿 沈熟水 和生薑 海松子 名曰 水正果

건시를 물에 넣어 생강과 잣을 합하여 익힌 것을 수정과라고 한다.

재료 및 분량

생강 300g, 물 10컵
곶감 10개
잣 1작은술

만드는 방법

1. 생강은 손질하여 깨끗이 씻어 저며썰고 잣은 고깔을 뗀다.

2. 냄비에 생강과 물을 붓고 센 불에 올려 끓으면 중불로 낮추어 1시간 정도 끓여 거른다.

3. 식힌 생강물에 곶감을 넣고 곶감의 단맛이 수정과 물에 우러나도록 둔다.

4. 그릇에 담고 잣을 띄워낸다.

알아두기

- 『동국세시기』의 수정과는 흑설탕이나 백설탕을 사용하지 않았고, 곶감을 많이 넣어 수정과의 단맛을 내고자 하였다.
- 건시는 꼭지를 따고 젖은 면포로 깨끗하게 손질한 후 식힌 생강물에 넣는다.
- 생강 끓인 물이 뜨거울 때 곶감을 넣으면 수정과 국물이 떫으므로 한 김 식힌 뒤에 넣는다.

STORY

수정과는 일명 수전과(水煎果)로 '물에 달인 정과'라는 뜻으로 추운 겨울에 마시는 전통음료이다.
수정과가 처음으로 기록된 문헌은 『수작의궤』이며 우리나라 고유 음청의 하나로 곶감이 만들어지는 늦가을부터 음력 2월까지 마시는 음료로 겨울철 식혜와 함께 즐겨 먹었다.
『시의전서』에는 전통적인 재료인 곶감, 생강즙, 꿀, 잣 등이 들어가나 『조선요리제법』에 계피가 등장하면서 19세기 이후 계피를 넣은 지금의 수정과로 변모하게 되었다. 수정과는 과음으로 몸안에 축적된 알코올 성분을 산화 배설하는 데 도움을 주며 잣은 수정과와 함께 섭취할 때 곶감의 수렴작용을 보완하는 효과가 있다.
『군학회등』에 기록된 잡과수정과는 "배와 유자를 가늘게 썰어 꿀물에 넣고 잣을 띄운 것으로 유자화채와 같으나 이름만 '잡과수정과'이다"라고 하였다.

장김치 (沈醬菹)

원문 및 해석

以蔓菁菘芹薑椒沈醬菹食之

무, 배추, 미나리, 생강, 고추 등을 장에 절여 김치를 담가 먹는다.

재료 및 분량

무 1/2개, 배추 속대 1/2통, 진간장 1/2컵
배 1개, 미나리 50g, 대파 1뿌리, 마늘 1통, 생강 1톨, 실고추 1g
잣 1큰술
김치국물 : 꿀 2큰술, 끓여 식힌 물 2컵, 소금

만드는 방법

1. 무는 깨끗이 씻고 배추는 겉잎은 떼고 속대만 준비한다.

2. 무는 폭 3cm, 넓이 2.5cm, 두께 0.4cm로 썰고, 배추는 잎을 길이로 2등분하여 넓이 3cm로 썰어 먼저 배추에 간장을 넣고 절이다가 무를 넣고 절인 다음 물기를 뺀다.

3. 배는 납작납작 썰고, 미나리는 다듬어 씻은 후에 3~4cm 길이로 자르고, 대파도 씻어서 3cm로 잘라 채로 썰고, 마늘과 생강도 채로 썬다. 실고추도 3cm 길이로 자른다.

4. 준비한 재료를 모두 한데 섞어 버무려서 항아리에 담고 남은 간장물에 물과 소금을 넣고 김칫국을 만들어 붓는다.

알아 두기

• 모든 재료를 살살 버무려 으깨지지 않게 하며, 국물이 걸쭉해지지 않도록 주의한다.
• 장김치나 나박김치 등에 들어가는 모든 채소는 잘 절여진 다음에 양념을 넣고 만들어야 김치의 질감이 끝까지 아삭하다.
• 모든 김치는 소금에 절여서 만드는데 장김치는 간장에 절여서 만든다.

STORY

장김치는 소금이 아닌 간장으로 절여 만드는데 무와 배추를 네모지고 도톰하게 썰어 간장에 절이고 갖은양념과 배, 밤, 잣, 석이버섯, 표고 등을 넣어 국물을 넉넉하게 부어 만든 물김치이다.
『**동국세시기**』에서는 겨울에 담그며 무, 배추, 생강, 고추는 들어가되 오이가 들어 있지 않은데 이는 오이가 여름채소이기 때문이다. 『**시의전서**』에도 장김치가 나오는데 이때는 고추가 들어가지 않았다.
일반 김치가 소금과 채소가 발효된 맛이라면 장김치는 간장국물과 채소가 합해져서 발효된 맛이라 그 맛이 깊고 색다르다.
조선시대 궁중이나 대갓집에서 만들던 김치로 재료가 호화로워 서민적이지는 않으나 격식을 차리는 정월 떡국상이나 잔칫상에 올렸다.

김치

원문 및 해석

用蝦鹽汁候淸沈 蔓菁荏蒜 薑椒 靑角 鰒螺 石花 石首魚 鹽作雜菹
儲陶甕 和淹經冬 辛烈可食

새우젓국을 가라앉힌 후 무, 배추, 마늘, 생강, 고추, 청각, 전복, 소라, 굴, 조기, 소금 등을 버무린 **김치**를 독에 넣고 묻어 한겨울을 지버면 맛이 얼큰하게 매워 먹음직하다.

재료 및 분량

통배추 5통, 소금 1.5kg, 물 10L
무 3개, 청각 50g
새우젓 1컵, 조기젓 1/2컵, 전복 5개, 소라 2개, 굴 1컵
고춧가루 400g, 다진 마늘 200g, 다진 생강 100g
소금

만드는 방법

1. 물 10L와 소금 1kg을 섞은 소금물에 네 쪽으로 가른 배추를 담그고 줄기 쪽에 소금을 더 뿌려 6~8시간 정도 절인다. 무 2개는 채썰고, 1개는 넓적하고 네모지게 썰고 청각은 3cm 길이로 자른다.
2. 새우젓은 건지를 건져서 꼭 짜서 다지고 새우젓국물은 따로 두고, 조기젓은 살을 저민다.
3. 전복과 소라는 깨끗이 손질하여 편으로 저미고 굴도 소금물에 씻어 물기를 뺀다.
4. 절인 배추를 맑은 물에 여러 번 헹군 다음 채반에 엎어놓아 물기를 완전히 뺀다.
5. 무채에 고춧가루를 넣고 비벼서 붉은 물을 들인 다음 다진 마늘, 생강, 새우젓국을 넣고 버무리고 청각과 다진 새우젓, 조기젓, 전복, 소라, 굴을 모두 넣고 섞은 후 소금으로 간을 맞추어 소를 만들어 물기를 뺀 배추 갈피 사이에 소를 고루 채워 넣고 겉잎으로 싸서 항아리에 차곡차곡 담는다.

알아 두기

• 배추를 절이는 소금은 간수가 빠진 호렴을 넣어야 김치가 쓰지 않고 맛이 있다.
• 너무 큰 배추는 질기고 맛이 없으니 2~2.5kg의 배추를 선택한다. 배추는 6~8시간 정도 절이는 것이 알맞다.
• 절인 배추는 잘 씻어서 물기를 쭉 빼서 양념한다.

STORY

김치는 다양한 채소들을 장기 저장하는 방법으로 쓰였으며 겨울철에도 채소를 공급하는 중요한 기술이었다.
김치는 삼국시대 및 통일신라시대 이전의 문헌에서 보이지 않으나 **『삼국사기』**에 고구려 사람들이 채소류를 식용하였으며 '신문왕이 부인을 맞이하는 납폐품에 '해(醢 : 젓갈)'가 나오기도 한다.
『삼국지-위지동이전』에 고구려에서 채소 먹는데 "그들은 소금을 이용하였고, 식품발효기술이 뛰어나다"고 기록되어 있다.
김치가 문헌상 최초로 등장한 것은 **『동국이상국집-가포육영』**이란 시에 "장(醬)에 담그면 여름에 먹기 좋고, 소금에 절이면 겨울을 견딜 수 있네. 뿌리는 땅속에서 커져서 서리가 올 때 칼로 잘라 먹으니 그 맛이 배와 비슷하여 좋다"며 무로 담근 김치 내용이 실려 있다.

납육(臘肉)

원문 및 해석	用 臘肉 猪 用 兔
	납일 제사에 쓰는 고기로는 돼지와 산토끼가 있다.

재료 및 분량

돼지고기 1.2kg, 소금 1½컵
양념 : 생강 1쪽, 파 1대, 참기름 2큰술
쌀뜨물 4L, 소금 1컵

만드는 방법

1. 돼지고기는 기름을 떼고 10cm 두께로 넓적하고 두툼하게 썬다.

2. 생강은 납작하게 썰고, 대파는 어슷썰어 참기름과 섞어 양념을 만든다.

3. 돼지고기에 소금 1/2컵과 양념을 섞어 골고루 바르고 12시간 동안 절였다가 찬물에 씻는다.

4. 찬물에 씻은 돼지고기에 소금 1컵을 뿌려 2일 동안 재워둔다.

5. 다시 건져 쌀뜨물에 소금 1컵을 넣어 10분 정도 끓으면 쌀뜨물을 바꿔주고 다시 40분 정도 중불에서 삶아 한 김 나가면 건져서 썰어낸다.

알아 두기

· 돼지고기는 신선한 것으로 준비한다.
· 소금을 뿌릴 때 전체 부분에 골고루 뿌려 소금기가 잘 스며들도록 하면 삶아냈을 때 돼지고기의 잡내가 없으며 쫄깃한 식감이 좋다.
· 기호에 따라 너무 짜게 느껴질 경우 소금의 양을 조금 줄여도 된다.
· 겨울철 육류 섭취로 좋은 조리법이다.

STORY

납육은 납일제사에 쓰는 고기로 사냥한 멧돼지, 산토끼, 참새 등을 소금에 절여서 삶거나 구워 먹는 음식이다.
『동국세시기』에 따르면 동지 후 세 번째 미일을 납일(臘日)이라 하였으며 내의원에서 각종 환약을 지어 왕에게 진상하는 납약진상이 있으며 왕은 신하들에게 납약을 하사하고 일 년을 돌아보고 조상께 고하는 납일제사를 지내는데 각 고을에서는 이때 쓸 멧돼지와 산토끼를 사냥한다고 하였다.
『경도잡지』에는 "경기도 산간에 있는 군에서는 전부터 이날에 쓸 돼지를 공물로 바치는데 군민을 풀어 산돼지를 찾아 사냥하므로 정조임금께서 특히 일을 파하고, 장용영의 장교로 하여금 포수들을 데리고 용문산과 축령산으로 가서 잡아다가 바치도록 했다"라는 기록이 있다.
납육(납일에 먹는 고기)은 돼지고기, 토끼고기뿐만 아니라 참새도 사용하였는데 『동국세시기』에 따르면 "납일에 잡은 참새를 어린아이에게 먹이면 마마(천연두)를 잘 넘길 수 있다고 하여 활을 쏘아 참새를 잡았으며 총 사용을 허락하였다"고 하였다.

참고문헌

- 간편조선요리제법(簡便朝鮮料理製法), 이석만, 삼문사, 1934.
- 계산기정(薊山紀程), 저자미상, 조선시대.
- 거가필용(居家必用), 저자미상, 1560.
- 경도잡지(京都雜誌),유득공, 1700년대 말.
- 고려이전의 한국식생활사 연구, 이성우, 향문사, 1978.
- 고사십이집(攷事十二集), 서명응 저 · 서유구 편찬, 1700년대 중엽.
- 교남지(嶠南誌), 정원호, 이근영방(李根泳房), 1940.
- 구지필기(仇池筆記), 소식, 조선시대.
- 군학회동(群學會騰), 저자미상, 17세기 중엽.
- 규곤요람(閨壼要覽), 저자미상, 1896.
- 규합총서(閨閤叢書), 빙허각 이씨, 1809.
- 규합총서, 빙허각 이씨 저, 윤숙자 역, 백산출판사, 2014.
- 농가월령가(農家月令歌), 정학유, 1843.
- 농정회요(農政會要), 최한기, 1830.
- 담헌서(湛軒書), 홍대용 저, 민족문화추진회해제 1974.
- 도문대작(屠門大嚼), 허균, 1611.
- 도문대작(屠門大嚼), 허균 저, 윤숙자 역, 2017.
- 동경몽화록(東京夢華錄), 맹원로 저 1147.
- 동국세시기(東國歲時記), 홍석모, 1849.
- 동국세시기(東國歲時記), 홍석모 저, 정승모 역, 풀빛, 2009.
- 동국이상국집(東國李相國集), 이규보, 1241.
- 동양의학진료요감, 김정제, 동양의학연구원, 1974.
- 동의보감(東醫寶鑑), 허준, 1610.
- 동의처방대전, 염태환, 행림서원, 1975.
- 명물기략(名物記畧), 황필수, 1870.
- 목민심서(牧民心書), 정약용, 1818.
- 목은집(牧隱集), 이색, 1404.
- 방약합편(方藥合編), 황필수, 1885.
- 본초강목(本草綱目), 저자 미상, 1590.
- 부인필지(夫人必知), 저자 미상, 1908.
- 부인필지(夫人必知), 빙허각 이씨 저, 이효지 역, 교문사, 2010.

- 사기(史記), 사마천, 중국전한시대.
- 산가요록(山家要錄), 전순의, 1450.
- 산림경제(山林經濟), 홍만선, 1715.
- 삼국사기(三國史記), 김부식, 1145.
- 삼국유사(三國遺事), 일연, 1281.
- 성호사설(星湖僿說), 이익, 1763.
- 순오지(旬五志), 홍만종, 1678.
- 소문사설(謏聞事說), 이시필, 1720.
- 수운잡방(需雲雜方), 김유 저, 윤숙자 역, 2006.
- 수작의궤(受爵儀軌), 저자 미상, 1765.
- 시의방(是議方), 저자 미상, 1945.
- 시의전서(是議全書), 저자 미상, 17세기 말.
- 식료찬요(食療纂要), 전순의, 1460.
- 식료찬요(食療纂要), 전순의 저, 윤숙자 역, 지구문화사, 2012.
- 세시풍속과 우리음식, 조후종, 한림출판사, 2002.
- 아름다운 세시음식, 윤숙자·강재희, 질시루, 2012.
- 아름다운 우리술, 윤숙자·권희자, 질시루, 2007.
- 아름다운 한국음식 100선, 한국전통음식연구소, 질시루, 한림출판사, 2007.
- 아름다운 한국음식 300선, 한국전통음식연구소, 질시루, 2016.
- 아언각비(雅言覺非), 정약용, 1819.
- 양주방, 저자미상, 1837.
- 여유당전서(與猶堂全書), 정약용, 1834.
- 연암집(燕巖集), 박지원, 1932.
- 열양세시기(洌陽歲時記), 김매순, 1819.
- 영접도감의궤(迎接都監儀軌), 1643.
- 온주법(蘊酒法), 저자 미상, 16세기 말.
- 옹희잡지(饔-雜志), 저자 미상, 1800년대 초입.
- 요록(要錄), 저자 미상, 윤숙자 역, 질시루, 2008.
- 원행을묘정리의궤(園幸乙卯整理儀軌), 1795.
- 월별로 구성된 식품재료의 모든 것, 윤숙자·최은희, 백산출판사, 2016.
- 우리가 정말 알아야할 음식 100가지, 한복진, 현암사, 2011.

- 윤씨음식법(饌法), 저자 미상, 1854.
- 의방유치(醫方類聚), 저자 미상, 1445.
- 의학입문(醫學入門), 이천, 1575.
- 음식고전, 한복려 외 2인, 현암사, 2016.
- 음식지미방(飮食知味方), 장계향 저, 1670.
- 음식방문(飮食方文), 저자 미상, 1880.
- 음식법(飮食法), 저자 미상, 1854.
- 이조궁정요리통고(李朝宮廷料理通攷), 한희순 외 2인, 학총사, 1957.
- 임원십육지(林園十六志), 서유구, 1835.
- 임원십육지(정조지), 서유구 저, 이효지 역, 현암사, 2007.
- 장인들의 장맛, 손맛, 윤숙자·이명숙, 한림출판사, 2017.
- 조선무쌍신식요리제법(朝鮮無雙新式料理製法), 이용기, 영창서관, 1943.
- 조선상식(朝鮮常識), 최남선, 동명사, 1948.
- 조선세시기(朝鮮歲時記), 홍석모 저, 이석호 역, 동문선, 1991.
- 조선요리제법(朝鮮料理製法), 방신영, 한성도서출판사, 1913.
- 조선요리제법(朝鮮料理製法), 방신영 저, 윤숙자 역, 백산출판사, 2011.
- 조선왕조실록(朝鮮王朝實錄), 1392~1863년.
- 조선주조사(朝鮮酒造史), 세정해지조(細井亥之助) 저, 조선주조사협회, 1935.
- 주식시의(酒食是義), 송준길, 17세기 말.
- 주방문(酒方文), 하생원, 15세기 말.
- 증보산림경제(增補 山林經濟), 유중림, 1766.
- 지봉유설(芝峰類說), 이수광 저, 1613.
- 진연의궤(進宴儀軌), 규장각, 1719.
- 진찬의궤(進饌義軌), 규장각, 1828.
- 천년의 밥상, 오한샘·최유진, 출판MID, 2012.
- 한국민속대백과사전, 국립민속박물관.
- 한국민속대사전, 한국민속대사전편찬위원회, 여강출판사, 2001.
- 한국민족문화대백과사전, 한국학중앙연구원.
- 한국식품사연구, 윤서석, 신광출판사, 1974.
- 한국의 떡·한과·음청류, 윤숙자, 지구문화사, 2010.
- 형초세시기(荊楚歲時記), 중국 두공섬, 7세기 초.
- 해동죽지(海東竹枝), 최영년, 1925.
- 훈몽자회(訓蒙字會), 최세진, 1527.

찾아보기

**동국세시기
엮은이들**

박정숙, 임정희, 김동희, 강경해, 최은영, 우영선, 유홍림(뒷줄 왼쪽부터)
최경자, 조희경, 김민주, 임미자, 김선희, 이숙, 박숙경, 이용미(가운데 왼쪽부터)
박종순, 김순옥, 이명숙원장님, 윤숙자교수님, 박선희, 김연화(앞줄 왼쪽부터)

저자와의
합의하에
인지첩부
생략

1800년대 음식으로 들여다보는
선조들의 세시풍속

동국세시기

2020년 6월 25일 초판 1쇄 발행
2020년 10월 30일 초판 2쇄 발행

지은이 홍석모
엮은이 윤숙자 외
펴낸이 진욱상
펴낸곳 (주)백산출판사
교 정 편집부
본문디자인 오정은
표지디자인 오정은

등 록 2017년 5월 29일 제406-2017-000058호
주 소 경기도 파주시 회동길 370(백산빌딩 3층)
전 화 02-914-1621(代)
팩 스 031-955-9911
이메일 edit@ibaeksan.kr
홈페이지 www.ibaeksan.kr

ISBN 979-11-6567-132-7 93590
값 26,000원